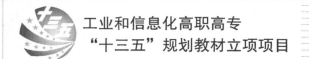

工业和信息化高职高专
"十三五"规划教材立项项目

高等职业院校
机电类"十三五"规划教材

UG NX
实例教程
（第2版）

UG NX Instance
Tutorial (2nd Edition)

◎ 李海涛 主编

◎ 钟展 康立业 牛文欢 贾秋霜 副主编

人民邮电出版社
北 京

精品系列

图书在版编目（ＣＩＰ）数据

UG NX 实例教程 / 李海涛主编. -- 2版. -- 北京：
人民邮电出版社，2018.4（2023.7重印）
高等职业院校机电类"十三五"规划教材
ISBN 978-7-115-47746-0

Ⅰ. ①U… Ⅱ. ①李… Ⅲ. ①计算机辅助设计－应用
软件－高等职业教育－教材 Ⅳ. ①TP391.72

中国版本图书馆CIP数据核字(2018)第016532号

内 容 提 要

本书采用中文 UG NX 8.5 版本，以应用为主线，由浅入深、循序渐进地介绍软件的应用。本书主要内容包括零件三维建模、曲面建模、UG 装配建模、工程图绘制、UG 模具设计和 CAM，并辅以相应的实例操作进行讲解。全书突出实际应用，强调技巧性，选材经典，具有很好的启发和引导作用。

本书可作为初学者的入门教材，也可作为机械类相关专业的培训教程，还可作为大中专院校和职业院校实践课程的配套用书。本书融入西门子公司 UG 认证考试的模拟题，可作为西门子公司认证考试的培训教程。

◆ 主　　编　李海涛

　副 主 编　钟 展　康立业　牛文欢　贾秋霜

　责任编辑　李育民

　责任印制　马振武

◆ 人民邮电出版社出版发行　　北京市丰台区成寿寺路 11 号

　邮编　100164　电子邮件　315@ptpress.com.cn

　网址　http://www.ptpress.com.cn

　北京天宇星印刷厂印刷

◆ 开本：787×1092　1/16

　印张：17.25　　　　　　　　2018 年 4 月第 2 版

　字数：383 千字　　　　　　2023 年 7 月北京第 7 次印刷

定价：49.80 元

读者服务热线：(010)81055256　印装质量热线：(010)81055316
反盗版热线：(010)81055315
广告经营许可证：京东市监广登字 20170147 号

Foreword

前 言

　　UG 是西门子公司出品的集 CAD/CAM/CAE 于一体的软件系统，它的功能覆盖了从概念设计到产品生产的整个过程，广泛运用于汽车、航天、医疗器械行业等领域。UG 提供了强大的实体建模技术和高效能的曲面建构能力，能够完成复杂的造型设计。UG 优越的装配功能、2D 出图功能、模具加工功能及与 PDM 之间的紧密结合，使其在工业界成为一套无可匹敌的高级 CAD/CAM系统。

　　《UG NX 实例教程》一书自 2013 年出版以来，受到了众多高职高专院校的欢迎。为了更好地满足广大高职高专院校的学生对数控编程知识学习的需要，我们结合近几年的教学改革实践和广大读者的反馈意见，在保留原书特色的基础上，对《UG NX 实例教程》进行了全面的修订。这次修订的主要内容如下。

- 对本书第 1 版中部分项目存在的一些问题进行了校正和修改。
- 对软件版本进行了升级，本书以 UG 8.5 版本为平台展开讲解。
- 书后附表增加了部分练习题图，使初学者在学习过程中及时得到锻炼，巩固所学知识。

　　在本书的修订过程中，作者始终贯彻以来源于企业的典型零件为载体，采用项目教学的方式组织内容的思想。全书由 6 个项目组成。项目一讲述了轴套类零件、盘盖类零件、叉架类零件、箱体类零件及标准常用件的建模方法；项目二讲述了鼠标、水嘴及汽车车身等零件的设计实例，介绍了曲面三维建模的操作要领；项目三讲述了虎钳、卡丁车等零件的装配实例，介绍了装配建模的工具命令；项目四介绍了工程图的建立和标注的相关知识；项目五介绍了风扇叶片模具、电器面壳模具的设计；项目六介绍了支座零件加工、机壳凹模加工、车削加工编程的相关知识。本书的编写与课程教学紧密结合，内容突出课程实训的具体过程和方法，展示大量的工程和项目实例以及优秀的学生作业。全书突出实用的特点。本书是由校企合作开发的项目化教材，并提供了 UG NX 中级考试的理论和上机练习题。

　　本书配套的相关教学素材有：PPT 课件、附录 B 中的上机练习题答案、UG NX CAD 初级认证样卷及答案、UG NX CAD 中级认证样卷及答案、自下而上装配建模练习实训题及答案、自上而下装配建模练习实训题及答案、装配顺序练习实训题及答案、工程制图练习实训题及答案、同步建模练习实训题及答案。以上素材，请到人邮教育（http://www.ryjiaoyu.com）下载。

本书的参考学时为 60～84，建议采用理论实践一体化教学模式，各项目的参考学时见下面的学时分配表。

学时分配表

项　　目	课 程 内 容	学　　时
项目一	零件三维建模	10～14
项目二	曲面建模	10～14
项目三	UG 装配建模	10～14
项目四	工程图绘制	8～12
项目五	UG 模具设计	10～14
项目六	UG CAM	10～14
课程考评		2
学时总计		60～84

本书由潍坊职业学院李海涛担任主编；四川航天职业技术学院钟展，潍坊职业学院康立业、牛文欢、贾秋霜担任副主编；参与编写的还有内蒙古工业大学其木格，潍坊职业学院周荃、刘晓燕，莱芜职业技术学院孟宪超，潍坊富源增压器有限公司陈爱昌，山东技师学院杨景丽，山东劳动职业技术学院王兴涛和潍坊圣邦工程制造有限公司刘津廷。具体编写分工为李海涛编写项目一和项目三，钟展编写项目二，康立业、牛文欢编写项目四，孟宪超、贾秋霜、刘晓燕、陈爱昌、杨景丽编写项目五，周荃、其木格、王兴涛、刘津廷编写项目六。全书由李海涛负责统稿。

潍坊富源增压器有限公司和潍坊圣邦工程制造有限公司对本书的编写提供了很大帮助，在此表示衷心的感谢！

编　者
2018 年 3 月

Contents

目 录

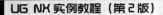

Project 1

项目一

|零件三维建模|

【学习目标】

1. 掌握圆柱的创建方法。
2. 掌握基准面的创建方法。
3. 掌握键槽的创建方法。
4. 掌握斜角的生成方法。

一、工作任务

完成图 1-1、图 1-2 所示的轴类零件的建模过程。

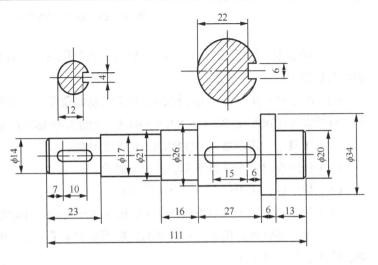

图1-1   轴

图1-2   轴零件图

二、相关知识

1. UG NX 8.5 中文版界面

UG NX 8.5 界面倾向于 Windows 风格，功能强大，设计友好。在创建一个部件文件后，进入 UG NX 8.5 的主界面，如图 1-3 所示。UG NX 8.5 的主界面主要包括以下几个部分。

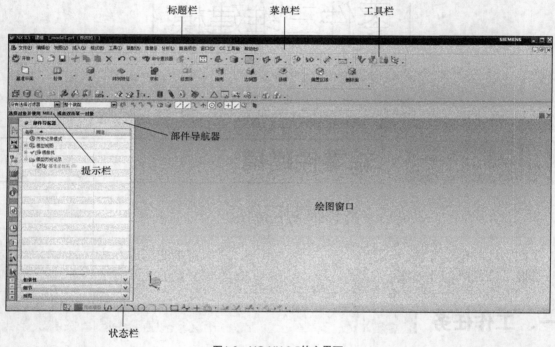

图1-3　UG NX 8.5的主界面

（1）标题栏：用于显示 UG NX 8.5 版本、当前模块、当前工作部件文件名、当前工作部件文件的修改状态等信息。

（2）菜单栏：用于显示 UG NX 8.5 中的各功能菜单，主菜单是经过分类并固定显示的。通过主菜单可激发各层级联菜单，UG NX 8.5 的所有功能几乎都能在菜单上找到。

（3）工具栏：用于显示 UG NX 8.5 的常用功能。

（4）绘图窗口：用于显示模型及相关对象。

（5）提示栏：用于显示下一个操作步骤。

（6）状态栏：用于显示当前操作步骤的状态或当前操作的结果。

（7）部件导航器：用于显示建模的先后顺序和父子关系，可以直接在相应的条目上单击鼠标右键，快速进行各种操作。

2. UG NX 8.5 的基本操作

在 UG NX 8.5 中，文件的基本操作包括新建、打开、保存和关闭等。这些文件基本操作可以通过"全局"工具栏中的"标准"工具条或者菜单栏中的"文件"下拉菜单完成。新建文件时，应注意"新建"对话框中的单位设置，一般选择毫米。

（1）创建新文件。选择菜单栏中的"文件"→"新建"选项，或者单击"新建"图标，打开图 1-4 所示的"新建"对话框。在该对话框中首先选择文件创建路径，在"名称"文本框中输入新建文件名，然后在"单位"下拉列表中选择度量单位，UG NX 8.5 提供了毫米和英寸两种单位。完成设置后单击"确定"按钮，就完成了新文件的创建。

图1-4 "新建"对话框

（2）打开文件。选择菜单栏中的"文件"→"打开"选项，或者单击"打开"图标，打开图 1-5 所示的"打开"对话框。对话框的文件列表框中列出了当前工作目录下存在的文件。移动光标选取需要打开的文件，或直接在"文件名"下拉列表框中输入文件名，在"预览"窗口中将显示所选图形。如果没有图形显示，则需选中右侧的"预览"复选框。对于不在当前目录下的文件，可以改变路径找到文件所在目录。如果是多页面的图形，UG NX 8.5 会自动显示"图纸页面"下拉列表框，可改变显示页面打开用户指定的图形。

对话框左下侧的"仅加载结构"复选框表示只加载零件，不含组件；"使用部分加载"复选框表示在打开一个装配体时，不用调用其中的组件，这一对于复杂的部件可以快速打开；"使用轻量级"复选框表示如果要打开的部件在上一次存盘的时候保存了显示文件，则可以用显示文件快速打开，这对于复杂的零件是非常有利的。

（3）保存文件。在菜单栏中选择"文件"→"保存"选项，或单击"保存"图标，直接保存文件。如果选择"文件"→"另存为"选项，UG NX 8.5 打开"另存为"对话框，如图 1-6 所示。在对话框中选择保存路径，输入新的文件名再单击"OK"按钮，完成文件的更名保存。

图1-5　"打开"对话框

图1-6　"另存为"对话框

（4）关闭文件。在菜单栏中选择"文件"→"关闭"选项，关闭文件，如图1-7所示。

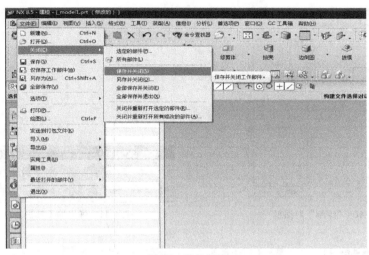

图1-7　关闭文件

① 选定的部件。选择该选项，弹出图 1-8 所示的"关闭部件"对话框，选择要关闭的文件，单击"确定"按钮。"关闭部件"对话框中有以下 4 个单选按钮。

● 顶级装配部件：文件列表中只列出顶级装配部件，并不列出装配中包含的组件。

● 会话中的所有部件：文件列表中列出当前进程中的所有部件。

● 仅部件：仅关闭选择的部件。

● 部件和组件：关闭选择的部件和组件。

② 所有部件。选择该选项将弹出图 1-9 所示的"关闭所有文件"对话框，单击"保存并关闭"按钮，将关闭所有的文件。

图1-8　"关闭部件"对话框

图1-9　"关闭所有文件"对话框

3. 定制工具栏

软件默认的工具栏使用非常方便，但有时用户需要较大的工作区，不希望有工具栏，或只需要较少的工具栏。这时，可在默认情况下根据个人需要定制工具栏。选择"工具"→"定制"选项，或在已有的工具栏上单击鼠标右键，弹出图 1-10 所示的"定制"对话框，选中某选项，将弹出图 1-11 所示的相应工具栏。

图1-10　"定制"对话框

图1-11　弹出的工具栏

三、任务实施

1. 轴零件主体

（1）启动 UG NX 8.5，选择"文件"→"新建"选项，或者单击 █ 图标，选择"模型"类型，创建新部件，文件名为 axisi，进入建立模型模块。

（2）单击 █ 图标，弹出"圆柱"对话框，如图 1-12 所示。在该对话框中设置建立圆柱体的参数，方法如下。

① 在"类型"下拉列表中选择"轴、直径和高度"选项。

② 在"指定矢量"下拉列表中选择 ✕ 方向作为圆柱的轴向。

③ 设定圆柱直径为 14，高度为 23。

④ 单击 █ 图标，在弹出的对话框中设置坐标原点作为圆柱体的中心。

⑤ 单击"应用"按钮，生成的圆柱体如图 1-13 所示。此处单击"应用"按钮不退出"圆柱"对话框，如单击"确定"按钮或鼠标中键，接着生成圆柱时还要重新调出命令。

图1-12　"圆柱"对话框

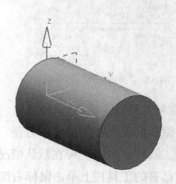

图1-13　生成的圆柱体

（3）生成轴的其他主体部分。

① 设定圆柱直径为 18，高度为 26；直径为 20，高度为 15；直径为 25，高度为 25；直径为 35，高度为 10；直径为 20，高度为 15。

② 单击 图标，弹出对话框，如图 1-14 所示，将鼠标指针移动到刚生成的圆柱右侧，当圆成黄色显示，并出现 图标时，单击鼠标左键，以此圆心为下一段圆柱底面圆心，单击"确定"按钮，回到"圆柱"对话框。

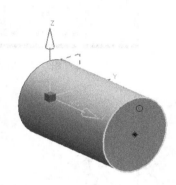

图1-14 选择点位置

③ 布尔运算内选择求和，如图 1-15 所示，新生成的轴和第一段轴将是一个整体，否则是单独的两段，后面还要再做求和。

④ 单击"应用"按钮，生成圆柱体。

⑤ 重复上述建立圆柱的步骤，生成轴的其他部分。最后得到的图形如图 1-16 所示。

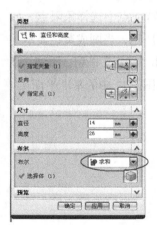
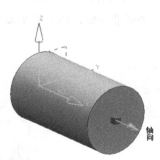
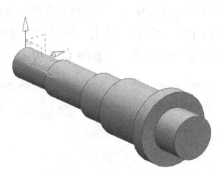

图1-15 "圆柱"对话框设置　　　　　　　　　　　图1-16 "圆柱"图形

2. 键槽的建立

（1）选择"插入"→"基准点"→"基准平面"选项，或者单击 图标，弹出图 1-17 所示的"基准平面"对话框，利用该对话框建立基准平面，方法如下。

① 在"类型"下拉列表中选择"XC-ZC平面"选项，单击"反向"按钮，设置距离为 7，如

图 1-18 所示，生成的基准面为图 1-19 中的基准面 1。

图1-17   "基准平面"对话框

图1-18   "基准平面"对话框设置

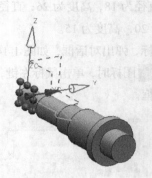

图1-19   基准平面1

② 用相切的方式创建另一个基准平面，在"类型"下拉列表中选择"相切"选项，选择要生成基准平面的圆柱面，再单击 🔲 图标，弹出"点"对话框时，先在上面特征点中选择象限点，如图 1-20 所示。将鼠标指针移动到要生成的基准面圆柱左前方，如图 1-21 所示，当圆成黄色显示，并出现 ◇ 图标时，单击鼠标左键，通过此圆前方象限点生成基准面，单击"确定"按钮，回到"基准平面"对话框。单击"确定"按钮再创建一个基准平面，该基准平面为图 1-22 中的基准平面 2。生成的两个基准平面如图 1-22 所示。

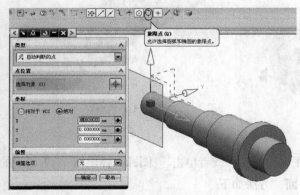

图1-20   "点"对话框

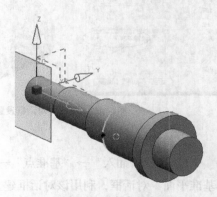

图1-21   选择象限点

（2）单击 图标，弹出"键槽"对话框，图 1-23 所示。利用该对话框建立键槽。

① 在图 1-23 所示的对话框中单击"矩形"单选按钮并单击"确定"按钮。

② 弹出"矩形键槽"对话框，选择图 1-24 中的基准平面 1 为放置面，并在随后弹出的对话框中，单击"接受默认边"按钮，如图 1-25 所示。

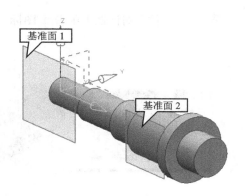

图1-22　生成的两个基准平面

图1-23　"键槽"对话框

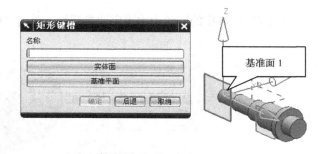

图1-24　"矩形键槽"对话框

③ 弹出"水平参考"对话框，如图 1-26 所示，该对话框用于设定键槽的水平方向，此处选择轴上任意一段圆柱面即可。

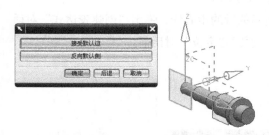

图1-25　接受默认边设置

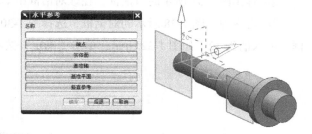

图1-26　"水平参考"对话框

图1-27　"矩形键槽"对话框

④ 选择水平参考后，弹出图 1-27 所示的"矩形键槽"对话框，在该对话框中设置键槽长度为 14，宽度为 4，深度为 2，最后单击"确定"按钮。

⑤ 弹出图 1-28 所示的"定位"对话框，并且在图形界面中生成键槽的预览图，采用线框模式即可观察到，如图 1-28 所示。

⑥ 在"定位"对话框中单击 图标，弹出图1-29所示的"水平"对话框。

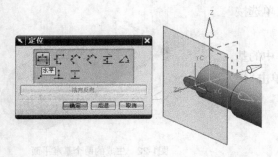

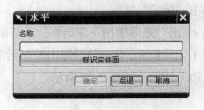

图1-28　"定位"对话框　　　　　　　　　　　　　　　图1-29　"水平"对话框

⑦ 选择图1-30中的圆弧为水平定位参照物，单击"确定"按钮。

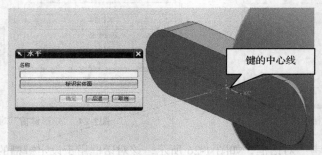

图1-30　选择水平定位参照物

⑧ 弹出图1-31所示的对话框，在该对话框中单击"圆弧中心"按钮。

⑨ 再次弹出图1-28所示的对话框，选择图1-30所示的键的中心线，弹出"创建表达式"对话框，输入值为12，如图1-32所示，单击"确定"按钮，返回"定位"对话框。

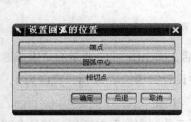

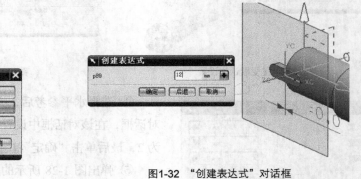

图1-31　设置圆弧位置　　　　　　　　　　　　　　　图1-32　"创建表达式"对话框

⑩ 在"定位"对话框中单击 按钮，如图1-33所示，弹出"竖直"对话框。选择图1-34所示的圆弧，弹出"设置圆弧的位置"对话框，单击"圆弧中心"按钮，返回"竖直"对话框。如图1-35

所示，选择键的中心线，在"创建表达式"对话框中按图 1-36 输入值 0，单击"确定"按钮生成键槽，如图 1-37 所示。

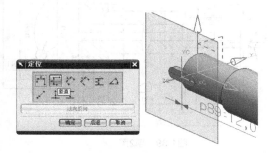

图1-33 "定位"对话框

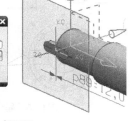

图1-34 选择圆弧

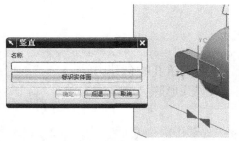

图1-35 选择键的中心线

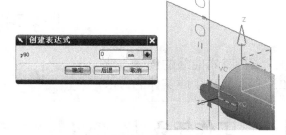

图1-36 "创建表达式"对话框

图1-37 生成键槽

四、练习与实训

1. 根据图 1-38 所示的零件图，用基本体素特征建模。
2. 根据图 1-39 所示的零件图，用基本体素特征建模。

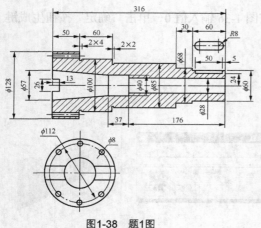

图1-38　题1图

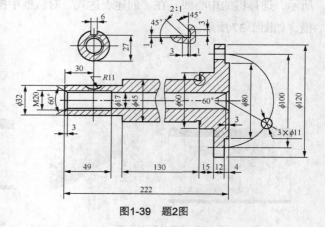

图1-39　题2图

任务二　盘盖零件建模

【学习目标】

1. 掌握基本曲线的创建方法。
2. 掌握回转生成实体的方法。
3. 掌握简单孔的创建方法。
4. 掌握圆形陈列特征的方法。

一、工作任务

完成图 1-40 和图 1-41 所示的盘盖类零件的建模。

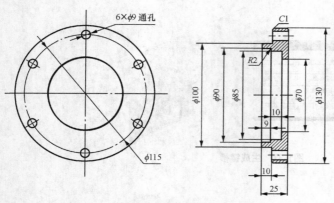

图1-40　盘盖工程图

图1-41　盘盖实体图

二、相关知识——基本曲线

"基本曲线"的功能是提供非关联曲线创建和编辑工具，这里仅简单介绍。选择"插入"→"曲线"→"基本曲线"选项，或单击"曲线"工具条中的 图标，弹出图 1-42 所示的"基本曲线"对话框和图 1-43 所示的"跟踪条"对话框。

图1-42 "基本曲线"对话框

图1-43 "跟踪条"对话框

（1）直线。在基本曲线对话框中单击 图标，如图 1-42 所示。

① 无界：指建立的直线沿直线的方向延伸，不会有边界。

② 增量：系统通过增量的方式建立直线。给定起点后，可以直接在图形工作区指定结束点，也可以在"跟踪条"对话框中输入结束点相对于起点的增量。

③ 点方法：通过"点方式"下拉列表设置点的选择方式，共有"自动判断点""光标定位"等 8 种方式，如图 1-44 所示。

④ 线串模式：把第一条直线的终点作为第二条直线的起点。

⑤ 锁定模式：在绘制一条与图形工作区中已有直线相关的直线时，由于涉及对其他几何对象的操作，锁定模式记住开始选择对象的关系，随后用户可以选择其他直线。

⑥ 平行于：用来绘制平行于 XC 轴、YC 轴和 ZC 轴的平行线。

（2）圆弧。在图 1-42 所示的对话框中单击 图标，弹出图 1-45 所示的"基本曲线"对话框。

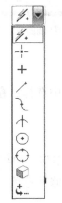

图1-44 "点方式"下拉列表

图1-45 "基本曲线"对话框

① 整圆：绘制一个整圆。

② 备选解：在画圆弧过程中确定大圆弧或小圆弧等。

圆弧的生成和任务一中圆弧的生成方式相同。不同的是点、半径和直径的选择可在图1-45所示的对话框中直接输入所需的数值；也可用鼠标左键直接在图形工作区中指定。

其他参数的含义和图1-42所示对话框中的含义相同。

（3）圆。在图1-42所示的对话框中单击⊙图标，弹出图1-46所示的"跟踪条"对话框和图1-47所示的"基本曲线"对话框。

图1-46　"跟踪条"对话框

先指定圆心位置，然后指定半径或直径来绘制圆。

在图形工作区绘制了一个圆后，选择"多个位置"复选框，在图形工作区输入圆心后生成与已绘制圆同样大小的圆。

（4）圆角。在图1-42所示的对话框中单击▱图标，弹出图1-48所示的"曲线倒圆"对话框。

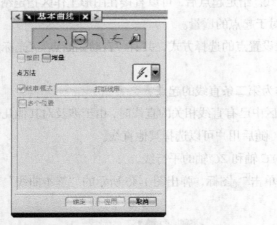

图1-47　"基本曲线"对话框3

图1-48　"曲线倒圆"对话框

① 简单倒圆：只能用于对直线进行倒圆。其创建步骤如下。

在半径中输入所需的数值，或单击"继承"按钮，在图形工作区中选择已存在圆弧，则倒圆的半径和所选圆弧的半径相同。

用鼠标左键单击两条直线的倒角处，生成倒角并同时修剪直线。

② 曲线倒圆1：不仅可以对直线倒角，还可以对曲线倒圆，操作与"简单倒圆"相似。圆弧按照选择曲线的顺序逆时针产生圆弧，在生成圆弧时，也可以选择"修剪选项"来决定在倒圆角时是否裁剪曲线。

③ 曲线倒圆 2：对 3 条曲线或直线进行倒圆。同曲线倒圆基本一样，不同的是不需要用户输入倒圆半径，系统自动计算半径值。

三、任务实施

1. 利用基本曲线绘制线框

（1）启动 UG NX 8.5，选择"文件"→"新建"选项，或者单击 图标，选择"模型"类型，创建新部件，文件名为 pan，进入建立模型模块。

（2）单击 图标右侧的下拉箭头，如图 1-49 所示，选择顶部视图图标 ，调整坐标系如图 1-50 所示。

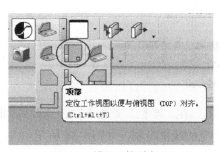

图1-49 视图下拉列表

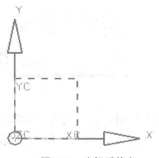

图1-50 坐标系状态

（3）单击曲线工具条右下侧的下拉箭头，将鼠标指针依次移到"添加或移除按钮"→"曲线"上，在右侧弹出的菜单中选择基本曲线，则"基本曲线"图标添加到了曲线工具条上，如图 1-51 所示。

（4）利用基本曲线绘制线框。

① 单击基本曲线图标 ，弹出图 1-52 所示左侧的对话框，状态栏提示"输入直线起点或选择对象，在跟踪栏内输入直线起点坐标（0，35），即 XC 默认为 0，在 YC 后输入 35，按 Enter 键确认，得到直线的起点，如图 1-53 所示。

图1-51 调出"基本曲线"图标

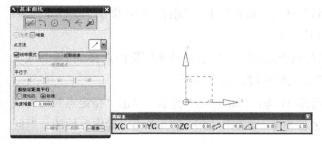

图1-52 "基本曲线"对话框

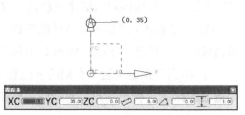

图1-53 "跟踪条"对话框

② 状态栏提示"指出直线终点或选择对象"，双击"跟踪条"对话框中的长度图标 ✎ 后的文本框，输入 30，按 Tab 键，在角度图标 △ 后的文本框内输入 90，按 Enter 键，得到第一段直线。

③ 依次输入长度 15，角度 180；长度 15，角度 270；长度 10，角度 180；长度 5，角度 270；长度 9，角度 0；长度 2.5，角度 270；长度 10，角度 0，长度 7.5，角度 270；长度 6，角度 0，得到如图 1-54 所示的线框。

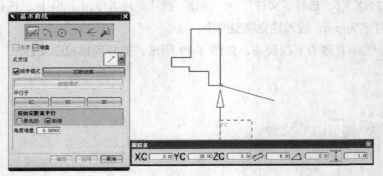

图1-54　线框图

④ 单击圆角图标 ⬚，进入"曲线倒圆"对话框，在"半径"处输入 2，选择要倒圆角的两条直线交点处，如图 1-55 所示。单击"取消"按钮，完成线框绘制，如图 1-56 所示。

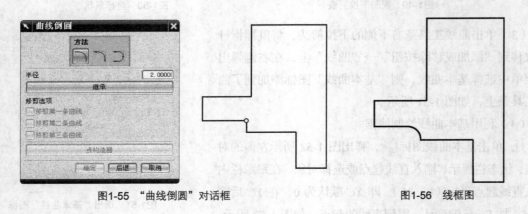

图1-55　"曲线倒圆"对话框　　　　　　图1-56　线框图

2. 生成盘盖主体

（1）选择"插入"→"设计特征"→"回转"选项，或者单击 🚰 图标，弹出图 1-57 所示的"回转"对话框，利用该对话框建立盘盖，方法如下。

① 状态栏提示"选择要草绘的平面，或选择截面几何图形"，在曲线规则框内选择"相连曲线"，单击线框上的任意一条线，如图 1-58 所示，单击鼠标中键，选中线框。

② 单击"指定失量"右侧的下拉箭头，选择 XC 轴，如图 1-59 所示。单击"指定点"后的点构造器图标 ⬚，弹出"点"对话框，确保 XYZ 都为 0，如图 1-60 所示，单击"确定"按钮，返回"回转"对话框。

图1-57 "回转"对话框

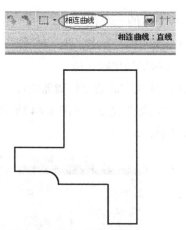

图1-58 选择线框图

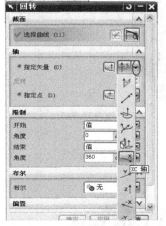

图1-59 指定矢量

图1-60 "点"对话框

③ 其余采用默认值，如图 1-61 所示，单击"确定"按钮，生成回转体。按住鼠标中键，旋转一定角度，如图 1-62 所示。

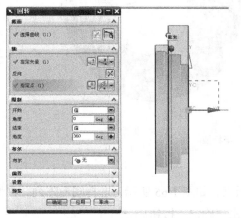

图1-61 回转设置

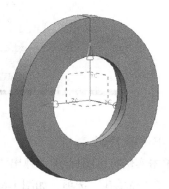

图1-62 回转体

（2）生成上方的一个孔。

① 单击 🔲 图标，弹出"孔"对话框，类型选择"常规孔"，成形选择"简单"孔，孔直径为9，深度为50，其余都采用默认值。

② 单击特征点右侧的点构造器图标，如图 1-63 所示，弹出"点"对话框，输入坐标，Y 坐标是 57.5，X、Z 坐标都是 0，如图 1-64 所示，单击"确定"按钮回到"孔"对话框。再单击"确定"按钮完成孔的创建。

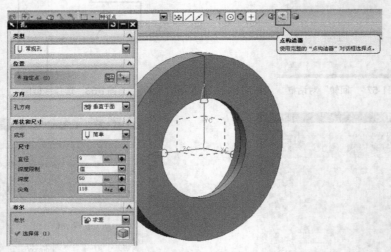

图1-63　点构造器图标

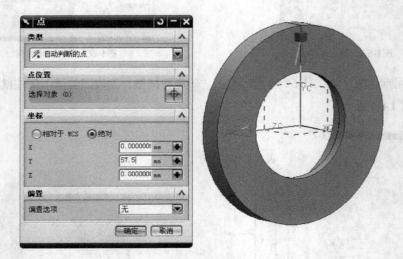

图1-64　坐标值

（3）阵列孔特征。

① 单击实例特征图标 🔲，弹出"实例"对话框，如图 1-65 所示，选择圆形阵列。在弹出的对话框中选择"简单孔"选项，如图 1-66 所示，单击"确定"按钮。

图1-65　"实例"对话框

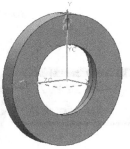
图1-66　选择"简单孔"

② 在阵列参数对话框中，数字输入 6，角度输入 60，如图 1-67 所示，单击"确定"按钮，在弹出的对话框中选择"点和方向"，如图 1-68 所示。

图1-67　阵列参数对话框

图1-68　阵列方式对话框

③ 在弹出的"矢量"对话框中，选择 XC 轴，如图 1-69 所示，单击"确定"按钮。弹出"点"对话框，通过原点，如果 XYZ 坐标不为 0，则可以单击上面的"重置"按钮，如图 1-70 所示。然后单击"确定"按钮。

图1-69　"矢量"对话框

图1-70　"点"对话框

④ 在弹出的"创建实例"对话框中单击"是"按钮，如图 1-71 所示，接受阵列结果，得到图 1-72 所示的阵列特征，单击"取消"按钮，完成孔的阵列。

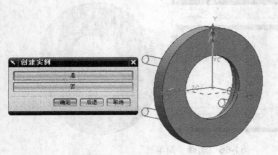

图1-71　"创建实例"对话框　　　　　　　　　　　　图1-72　阵列结果图

（4）单击  图标，弹出"倒斜角"对话框，在"距离"栏内输入1，选择要倒斜角的两条圆边，如图1-73所示。单击"确定"按钮，完成倒斜角。

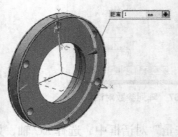

图1-73　"倒斜角"对话框

四、练习与实训

1. 根据图1-74所示的图形尺寸，用基本曲线命令画图。
2. 根据图1-75所示的图形尺寸，用基本曲线命令画图。

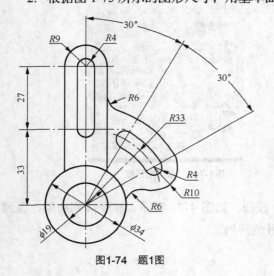

图1-74　题1图

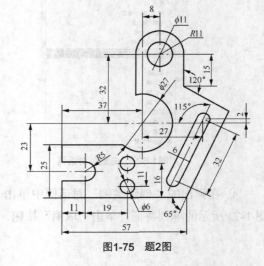

图1-75　题2图

3. 根据图 1-76 所示的图形尺寸，用基本曲线和回转命令进行三维建模。

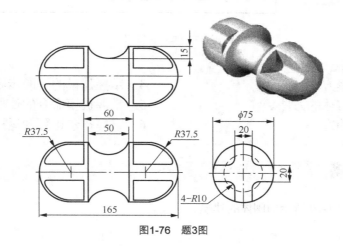

图1-76 题3图

4. 根据图 1-77 所示的图形尺寸，用基本曲线和回转命令进行三维建模。

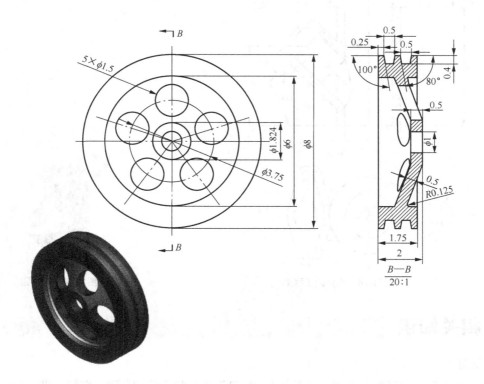

图1-77 题4图

任务三　阀体零件建模

【学习目标】

1. 掌握草图的创建方法。
2. 掌握拉伸生成实体的方法。
3. 掌握变换坐标的方法。
4. 掌握建模的一般步骤。
5. 掌握拔模命令的使用方法。
6. 掌握布尔运算的运用。

一、工作任务

完成图 1-78 和图 1-79 所示的阀体的建模。

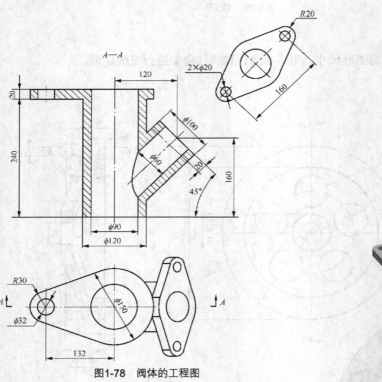

图1-78　阀体的工程图

图1-79　实体图

二、相关知识

1. 草图

选择"插入"→"草图"选项，或者单击"特征"工具栏中的"草图"图标，进入 UG NX 8.5 草图绘制界面，如图 1-80 所示。系统自动弹出"创建草图"对话框，提示用户选择一个放置草图的平面，如图 1-81 所示。

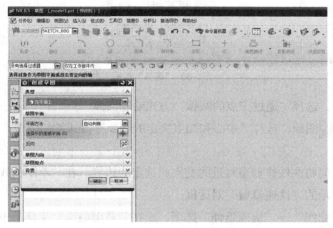 

图1-80 UG NX 8.5 草图绘制界面　　　　　图1-81 "创建草图"对话框

2. 简单草图曲线

（1）轮廓。该功能是以线串模式创建一系列连接的直线或圆弧；在"草图曲线"工具栏中单击 ![] 图标，弹出图 1-82 所示的 "轮廓"绘图工具条。

① 直线：单击图 1-82 所示工具条中的 ∕ 图标，在视图区选择两点绘制直线。

② 弧：单击图 1-82 所示工具条中的 ⌒ 图标，在视图区选择一点，输入半径，然后在视图区选择另一点，绘制圆弧。

③ 坐标模式：单击图 1-82 所示工具条中的 XY 图标，在视图区显示图 1-83 所示的 XC 和 YC 数值输入文本框，在文本框中输入所需数值，便可开始绘制草图。

④ 参数模式：单击图 1-82 所示工具条中的 凸 图标，在视图区显示图 1-84 所示的 "长度"和"角度"文本框，在文本框中输入所需数值即可。

图1-82 "轮廓"绘图工具条　　　图1-83 坐标模式数值输入文本框　　　图1-84 参数模式

（2）创建直线。该功能是用约束自动判断创建直线，选择"插入"→"曲线"→"直线"选项，或者在"草图曲线"工具条中单击 ∕ 图标，弹出"直线"绘图工具条。

（3）创建圆。该功能是通过三点或指定其中心和直线创建圆。选择"插入"→"圆"选项，或者在"草图曲线"工具条中单击 ○ 图标，弹出图 1-85 所示的 "圆"绘图工具条。

① 中心和端点决定的圆：在工具条中单击 ⊙ 图标，选择"中心和端点决定的圆"方式绘制圆。

② 通过三点的圆：在工具条中单击 ○ 图标，选择"通过三点的圆"方式绘制圆。

（4）创建圆弧。该功能是通过三点或指定其中心和端点创建圆弧。选择"插入"→"弧"选项，

或者在"草图曲线"工具条中单击 ⌒ 图标，弹出图 1-86 所示的"圆弧"绘图工具条。

图1-85 "圆"绘图工具条

图1-86 "圆弧"绘图工具条

① 通过三点的圆弧：单击 ⌒ 图标，选择"通过三点的圆弧"方式绘制圆弧。

② 中心和端点决定的圆弧：单击 ⌒ 图标，选择"中心和端点决定的圆弧"方式绘制圆弧。

3. 编辑草图曲线

（1）快速修剪。该功能是以任意方向将曲线修剪至最近的交点或选定的边界。在"草图曲线"工具条中单击 ⌇ 图标，弹出图 1-87 所示的"快速修剪"对话框。

（2）快速延伸。选择"编辑"→"曲线"→"快速延伸"选项，或在"草图曲线"工具条中单击 ⌇ 图标，弹出图 1-88 所示的"快速延伸"对话框。

图1-87 "快速修剪"对话框

图1-88 "快速延伸"对话框

（3）制作拐角。该功能是延伸和修剪两条曲线以制作拐点。在"草图曲线"工具条中单击 ⌐ 图标，弹出图 1-89 所示的"制作拐角"对话框，按照对话框的提示选择两条曲线制作拐角。

（4）圆角。该功能是在 2 条或 3 条曲线之间进行倒角，选择"插入"→"曲线"→Fillet 选项，或者在"草图曲线"工具条中单击 ⌂ 图标，弹出图 1-90 所示的"创建圆角"工具条。工具条中各图标介绍如下。

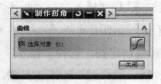

图1-89 "制作拐角"对话框

图1-90 "创建圆角"工具条

① 修剪：单击 ⌐ 图标，选择"修剪"功能，表示对曲线进行裁剪或延伸。

② 取消修剪：单击 ⌐ 图标，选择"取消修剪"功能，表示对象不裁剪也不延伸。

③ 删除第三条曲线：单击 图标，删除和该圆角相切的第三条曲线。

④ 创建备选圆角：单击 图标，表示圆角与两曲线形成环形。

4. 坐标系

坐标系是用来确定对象的方位的。UG NX 8.5 建模时，一般使用两种坐标系：绝对坐标系（ACS）和工作坐标系（WCS）。

（1）坐标系的变化。选择"格式"→WCS 选项，弹出图 1-91 所示的子菜单。

① 原点 ：输入或选择坐标原点，根据坐标原点拖动坐标系。

② 动态 ：通过步进的方式移动或旋转当前的 WCS，用户可以在绘图工作区中移动坐标系。

操作步骤如下。

● 创建如图 1-92（a）所示的正方体模型。

● 选择"格式"→WCS 选项，弹出图 1-91 所示的子菜单。

● 选择"动态"选项，坐标系变色，移动坐标系到正方体的角点，效果如图 1-92（b）所示。

③ 旋转 。通过当前的 WCS 绕轴旋转一定角度，从而定义一个新的 WCS。

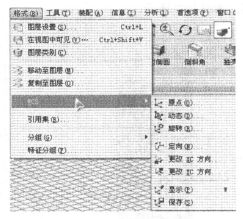

图1-91 坐标系操作子菜单

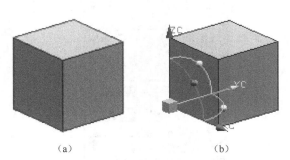

（a）　　　　　　　　　　（b）

图1-92 动态移动坐标系实例

操作步骤如下。

● 打开图 1-92（b）。

● 选择"格式"→WCS 选项，弹出图 1-91 所示的子菜单。

● 选择"旋转"选项，弹出图 1-93 所示的对话框。绕+ZC 轴逆时针旋转 90°，结果如图 1-94 所示，单击"确定"按钮，完成坐标系的旋转。

（2）工作坐标系。选择"格式"→ WCS →"定位"选项，可以创建一个新的坐标系。

（3）坐标系的显示和保存。操作步骤如下。

① 打开正方体的模型，如图 1-95（a）所示。

② 选择"格式"→WCS→"显示"选项，显示工作坐标系，如图 1-95（b）所示。

③ 选择"格式"→WCS→"保存"选项，保存当前的工作坐标系。

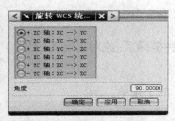

图1-93 "旋转WCS 统…"对话框

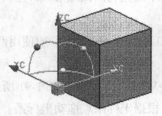

图1-94 旋转坐标系实例

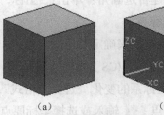

图1-95 正方体模型及工作坐标系的显示

三、任务实施

1. 绘制基础特征

（1）启动 UG NX 8.5，选择"文件"→"新建"选项，或者单击 ⬜ 图标，选择"模型"类型，创建新部件，文件名为 fati，进入建立模型模块。

（2）单击 ⬛ 图标，弹出"圆柱"对话框，设定圆柱直径为120，高度为260，其余采用默认设置，如图 1-96 所示，单击"确定"按钮，完成圆柱建模，如图 1-97 所示。

图1-96 "圆柱"对话框

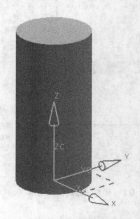

图1-97 生成的圆柱

（3）绘制阀体上部的拉深特征。

① 单击草图图标 📐 或者按键盘上的 S 键，进入绘制草图界面，以默认的 XY 平面作为草绘平面，单击鼠标中键进入绘制草图界面。

② 单击圆图标 ◯，弹出"画圆"对话框，指定原点附近为圆心，输入直径为 150（不输入也可以，后面尺寸约束再定），按 Enter 键确认，画好一个圆；把鼠标指针移到左侧，确定另一个圆心位置，单击鼠标左键，画出第二个圆，如图 1-98 所示。按 Esc 键退出画圆命令，在第二个圆的圆周上按下鼠标左键，向内拖动，把圆缩小一些。

③ 单击直线图标 ╱，弹出"直线"对话框，在左侧圆周上单击，作为直线的起点，把鼠标指

针移到右侧圆周上，当出现相切符号时，如图 1-99 所示，按下鼠标左键，画出一条与两圆相切的直线；用同样的办法，画出另一条直线，如图 1-100 所示。

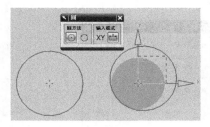

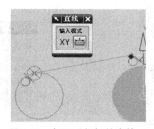

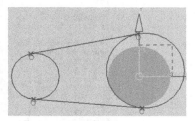

图1-98 草绘两个圆　　　图1-99 与两圆相切的直线　　　图1-100 两条与圆相切的直线

④ 单击修剪图标 ，选择多余的圆弧，完成修剪，如图 1-101 所示。

⑤ 对草图进行约束。首先把右侧圆的圆心定位到原点上，方法是先选择圆心，再选择 X 轴，用点在曲线上进行约束，如图 1-102 所示；用同样的方法，把圆心约束在 Y 轴上，左侧圆的圆心约束在 X 轴上，如图 1-103 所示；进行尺寸约束，如图 1-104 所示。

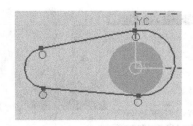

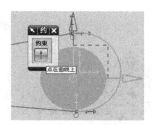

图1-101 修剪后的草图　　　　　图1-102 圆心在X轴上约束

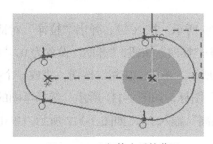

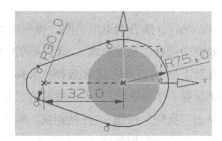

图1-103 几何约束后的草图　　　　　图1-104 完全约束的草图

⑥ 退出草图，单击拉伸图标，弹出"拉伸"对话框，选择刚才绘制的草图，输入起始距离为 240，结束距离为 260，布尔运算选择"求和"，单击"确定"按钮，完成拉伸。

（4）绘制阀体右侧的拉伸特征。

① 变换坐标系。单击 WCS 原点图标 ，弹出"点"对话框，如图 1-105 所示，输入 X 为 120、Y 为 0，Z 为 160，单击"确定"按钮，坐标系移到新的位置；单击旋转 WCS 图标 ，设置参数如图 1-106 所示，单击"确定"按钮。

② 单击草图图标 或者按 S 键，进入绘制草图界面，以默认的 XY 平面作为草绘平面，单击鼠标中键进入绘制草图界面。

图1-105 "点"对话框

图1-106 旋转WCS对话框

③ 绘制两个圆、两条线，并进行约束，如图 1-107 所示。对图形进行镜像，单击 ⬚ 图标，先选择 X 轴作为镜像线，再选择要镜像的图素，如图 1-108 所示，单击"确定"按钮。

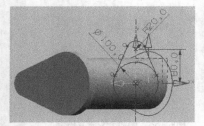

图1-107 线框图

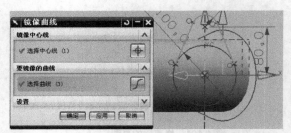

图1-108 镜像图框及需要镜像的图素

④ 按 Ctrl+Q 组合键退出草图，得到的草图如图 1-109 所示。按 X 键，弹出"拉伸"对话框，在曲线规则中选择"相连曲线"，选择草图中间的圆，单击"反向"按钮，"开始"设置为 0，"结束"选择"直至下一个"，布尔运算选择"求和"，如图 1-110 所示，单击"应用"按钮，完成一个拉伸。曲线规则选择"单条曲线"，单击后面的"在相交处停止"图标，如图 1-111 所示，选择草图的外面一圈，单击"反向"按钮，"开始距离"输入 0，"结束距离"输入 20，如图 1-112 所示，单击"确定"按钮，完成的图形如图 1-113 所示。

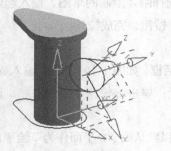

图1-109 完成的草图

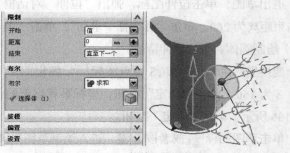

图1-110 拉伸圆柱设置

图1-111 曲线规则设置

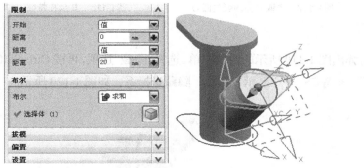

图1-112 拉伸外圈设置

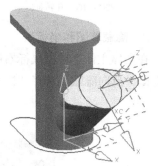

图1-113 拉伸后的实体

2. 孔特征的创建

（1）创建图 1-114 所示的简单孔特征 1。

① 选择"插入"→"设计特征"→"孔"选项，或单击工具栏中的 图标，弹出"孔"对话框，选择"简单"选项。

② 定义孔的位置，选择圆心，如图 1-115 所示。

图1-114 孔特征1

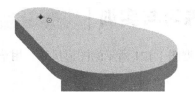

图1-115 选取发亮圆弧的圆心

③ 定义孔的属性。在"尺寸"选项组中设置"直径"为 32，在"深度限制"下拉列表中选择"贯通体"选项，单击"求差"按钮，再单击"确定"按钮，完成简单孔特征 1 的绘制。

（2）创建图 1-116 所示的简单孔特征 2。

① 选择"插入"→"设计特征"→"孔"选项，或单击工具栏中的 图标，弹出"孔"对话框，选择"简单"选项。

② 定义孔的位置，选择圆心，如图 1-117 所示。

③ 定义孔的属性。在"尺寸"选项组中设置"直径"为 90，在"深度限制"下拉列表中选择"贯通体"选项，单击"求差"按钮，最后单击"确定"按钮，完成简单孔特征 2 的绘制。

（3）创建图 1-118 所示的剩余孔特征。中间孔深度为 160，两边孔依然是"贯通体"。结果如图 1-118 所示。

图1-116　孔特征2

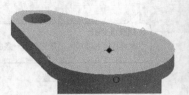
图1-117　选取发亮圆弧的圆心

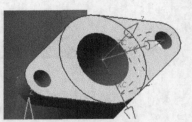
图1-118　其余孔特征

3. 隐藏草图和坐标系

在实体主体上单击鼠标右键，弹出图 1-119 所示的快捷菜单，选择"隐藏"选项，再按 Ctrl+Shift+B 组合键，反向隐藏。选择"格式"→ WCS →"显示"选项，隐藏坐标系，如图 1-120 所示。

图1-119　右键菜单

图1-120　隐藏草图后的实体

四、练习与实训

1. 根据图 1-121 所示的图形尺寸，用草图画图。

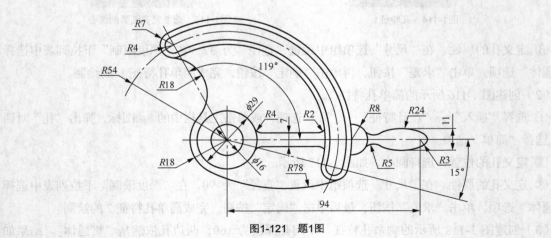
图1-121　题1图

2. 根据图 1-122 所示的图形尺寸，用草图画图。

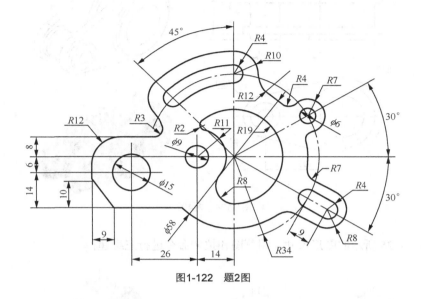

图1-122　题2图

3. 根据图 1-123 所示的图形尺寸，用草图和拉伸命令进行三维建模。

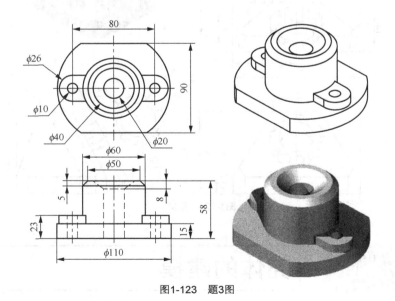

图1-123　题3图

4. 根据图 1-124 所示的图形尺寸，用草图和拉伸命令进行三维建模。

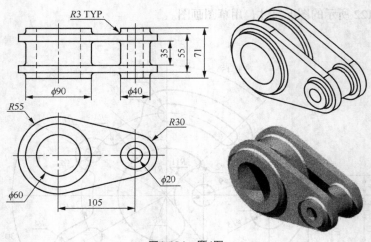

图1-124　题4图

5. 根据图 1-125 所示的图形尺寸，用草图和拉伸命令进行三维建模。

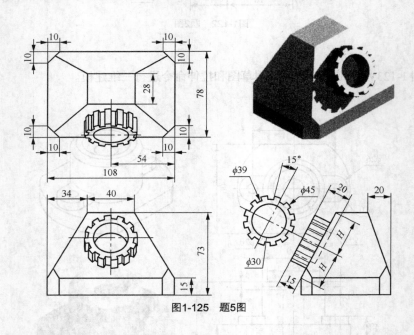

图1-125　题5图

任务四　壳体的建模

【学习目标】

1. 掌握抽壳的应用。
2. 掌握矩形阵列的应用。
3. 掌握镜像特征的操作。
4. 掌握建模的一般步骤。

一、工作任务

完成图 1-126、图 1-127 所示的阀体的建模。

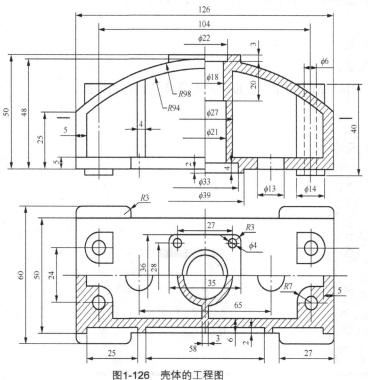

图1-126 壳体的工程图

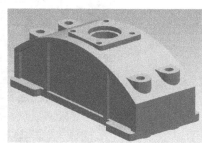

图1-127 实体图

二、相关知识

1. 拉伸

拉伸特征是将截面轮廓草图进行拉伸生成实体或片体。其草绘截面可以是封闭的，也可以是开口的，可以由一个或者多个封闭环组成，封闭环之间不能自交，但封闭环之间可以嵌套，如果存在嵌套的封闭环，在生成添加材料的拉伸特征时，系统默认里面的封闭环类似于孔特征。

选择"插入"→"设计特征"→"拉伸"选项，或者单击"特征"工具栏中的 ▥ 图标，弹出图 1-128 所示的"拉伸"对话框，选择用于定义拉伸特征的截面曲线。

（1）截面。

① 选择曲线：用来指定使用已有草图来创建拉伸特征，在图 1-128 所示的对话框中默认选择 ▨ 图标。

② 绘制草图：在图 1-128 所示的对话框中单击 ▨ 图标，可以在工作平面上绘制草图来创建拉

伸特征。

（2）方向。

① 指定矢量：用于设置所选对象的拉伸方向。在该选项组中选择所需的拉伸方向或者单击对话框中的 图标，弹出图 1-129 所示的"矢量"对话框，在该对话框中选择所需拉伸的方向。

② 反向：在图 1-128 所示的对话框中单击 图标，使拉伸方向反向。

（3）限制。

① 开始：用于限制拉伸的起始位置。

② 结束：用于限制拉伸的终止位置。

（4）布尔操作。在图 1-128 所示对话框的"布尔"下拉列表中选择布尔操作类型。

图1-128　"拉伸"对话框

图1-129　"矢量"对话框

（5）偏置。

① 单侧：指在截面曲线一侧生成拉伸特征，以结束值和起始值之差为实体的厚度。

② 两侧：指在截面曲线两侧生成拉伸特征，以结束值和起始值之差为实体的厚度。

③ 对称：指在截面曲线的两侧生成拉伸特征，其中每一侧的拉伸长度为总长度的一半。

（6）启用预览。选中"启用预览"复选框后，可预览绘图工作区中临时实体的生成状态，以便及时修改和调整。

2. 抽壳

选择"插入"→"偏置/缩放"→"抽壳"选项，或者单击"特征"工具栏中的 图标，弹出如图 1-130 所示的"抽壳"对话框。利用该命令可以以一定的厚度抽空一个实体。抽壳有两种类型，即"抽壳所有面"和"移除面，然后抽壳"类型，如图 1-131 所示。

（1）抽壳所有面。可在"抽壳"对话框的"类型"下拉列表中选择此类型，在视图区选择要进行抽壳操作的实体。

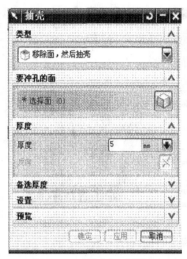

图1-130 "抽壳"对话框

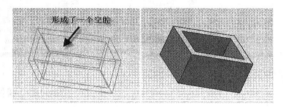

图1-131 "抽壳所有面"和"移除面，然后抽壳"类型

（2）移除面，然后抽壳。可在"抽壳"对话框的"类型"下拉列表中选择此类型，然后选择要抽壳的实体表面，所选的表面在抽壳后会形成一个缺口。此类型主要用于创建薄壁零件或箱体。"抽壳所有面"和"移除面，然后抽壳"的不同之处在于：前者对所有面进行抽空，形成一个空腔；后者在对实体抽空后，移除选择的面。

3. 镜像特征

选择"插入"→"关联复制"→"镜像特征"选项，或者单击"特征"工具栏中的 图标，弹出"镜像特征"对话框，通过一个基准面或平面镜像选择的特征来建立对称的模型。

（1）选择特征。选择特征用于在部件中选择要镜像的特征。

（2）相关特征。

① 添加相关特征：选择该复选框，选定要镜像特征的相关特征也包括在"候选特征"列表框中。

② 添加体中的全部特征：选择该复选框，选定要镜像的特征所在实体中的所有特征都包含在"候选特征"列表框中。

（3）镜像平面。镜像平面用于选择镜像平面，可在"平面"下拉列表中选择镜像平面，也可以选择平面按钮直接在视图中选取镜像平面。操作步骤如下。

① 通过拉伸创建带孔的长方体，制作一个平面，如图1-132（a）所示。

② 单击"特征"工具栏中的 图标，弹出"镜像特征"对话框，如图1-132（b）所示，用鼠标指针选择特征，也可在对话框中选择"拉伸"选项，在"平面"下拉列表中选择"现有平面"为镜像平面，如图1-132（b）所示。

③ 单击"确定"按钮，系统自动生成镜像图形，如图1-132（c）所示。

（a）

（b）

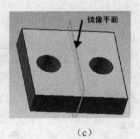
（c）

图1-132　镜像特征形成过程

三、任务实施

1. 绘制基础特征

（1）启动 UG NX 8.5，选择"文件"→"新建"选项，或者单击 图标，选择"模型"类型，创建新部件，文件名为 keti，进入建立模型模块。

（2）单击草图图标 ，选择 XZ 面为绘图平面。绘制草图，进行几何约束、尺寸约束，如图 1-133 所示。

（3）拉伸成实体并抽壳。

① 按 X 键，弹出"拉伸"对话框，设置参数如图 1-134所示，拉伸的效果如图 1-135 所示。

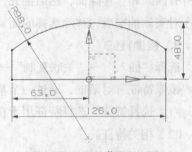

图1-133　草图1

图1-134　拉伸设置

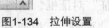

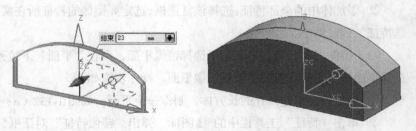
图1-135　拉伸效果

② 单击抽壳图标 ，弹出"壳单元"对话框，类型选择"抽壳所有面"，厚度为5，单击"备选厚度"下面的"选择面"，选择实体的圆弧面，在备选厚度中输入4，如图 1-136 所示。完成抽壳后的效果图如图 1-137 所示。

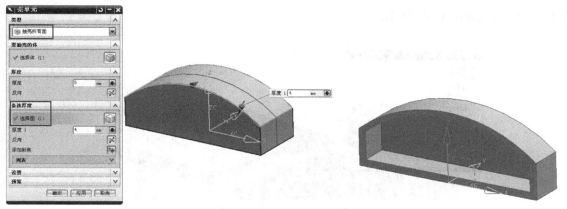

图1-136　抽壳参数设置　　　　　　　　图1-137　抽壳效果图

（4）绘制壳体中部的特征。

① 变换坐标系。双击坐标，如图 1-138 所示，单击 ZC 轴，在"距离"文本框中输入 50，按 Enter 键确认，单击鼠标中键，将坐标移动到如图 1-138 所示的位置。

② 单击草图图标 ，或者按键盘上的 S 键，进入绘制草图界面，以默认的 XY 平面作为草绘平面，单击鼠标中键进入绘制草图界面。绘制好的草图如图 1-139 所示。

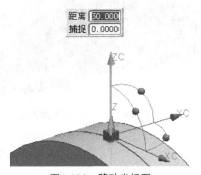

图1-138　移动坐标图

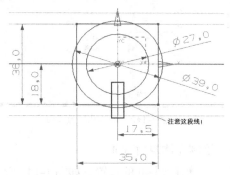

图1-139　草图2

③ 分别拉伸草图中的 4 段线，方形拉伸起始值为 0，结束值为直至下一个，布尔运算为求和；小圆拉伸起始值为 0，结束值为 50，布尔运算为求和；大圆拉伸起始值为 50，结束值为 52，布尔运算为求和；直线拉伸先设置偏置为"对称值"，值为 1.5，拉伸起始值为 4，结束值为 50。拉伸结果如图 1-140 所示。

④ 镜像直线拉伸特征，以 XZ 面为镜像面，偏置为 0。倒 4 个半径为 3 的圆角，在左前方做一个直径为 4、深度为 3 的圆孔，对圆孔做

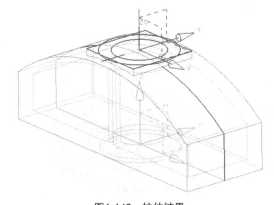

图1-140　拉伸结果

矩形阵列，参数如图 1-141 所示。

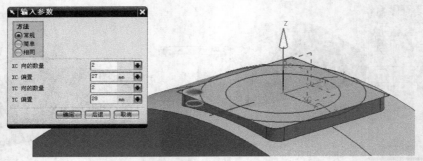

图1-141　矩形阵列参数设置

⑤ 做两个沉头孔，参数如图 1-142 所示，最后的效果如图 1-143 所示。

图1-142　沉头孔参数设置

图1-143　做完沉头孔的效果图

（5）绘制壳体四角特征。

① 将 Z 轴移到 40 的位置，如图 1-144 所示。

② 绘制如图 1-145 所示的草图。

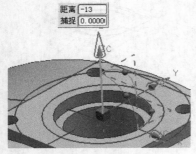

图1-144　移动坐标距离

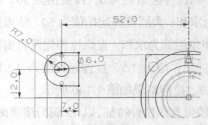

图1-145　草图3

③ 对草图进行拉伸，参数设置如图 1-146 所示，效果如图 1-147 所示。

图1-146 拉伸参数设置

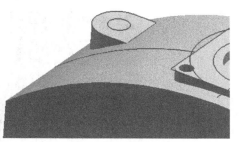

图1-147 拉伸后效果

④ 单击"设置为绝对 WCS"图标 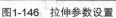，在 XY 面上画草图，如图 1-148 所示，对草图进行拉伸，效果如图 1-149 所示。

⑤ 拉伸直径为 6 的小圆，结束值为"贯通"，布尔运算为"差集"，做出通孔，并做两次镜像，设置镜像参数分别如图 1-150、图 1-151 所示。

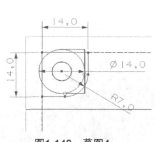

图1-148 草图4

图1-149 拉伸后效果

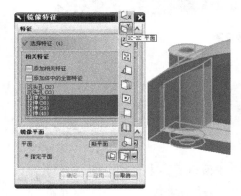

图1-150 第一次镜像设置

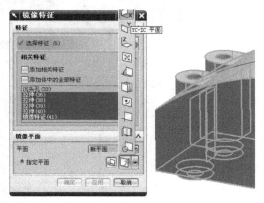

图1-151 第二次镜像设置

2. 其余特征的创建

（1）创建壳体前后两侧凸起部分。

① 按 X 键，弹出"拉伸"对话框，选择圆弧，设置"开始"距离为 0，"结束"距离为 2，偏置选择"两侧"，根据箭头所指方向，设置"开始"为 0，"结束"为 4，如图 1-152 所示。

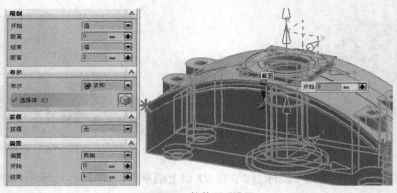

图1-152   拉伸圆弧设置

② 用同样的方法，拉伸其余3条边，设置参数如图1-153所示。

③ 按S键进入草图，选择XZ面为草图平面，绘制一条直线，如图1-154所示。对直线进行拉伸，参数设置如图1-155所示。

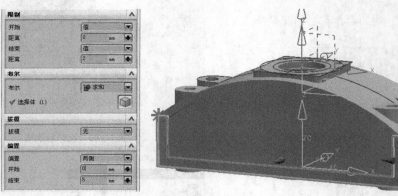

图1-153   拉伸直边设置

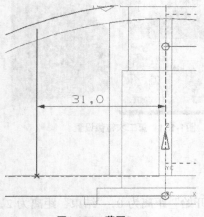

图1-154   草图5

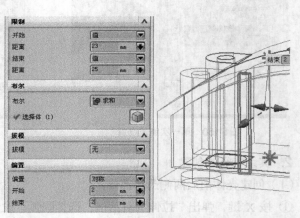

图1-155   拉伸直线设置

④ 镜像刚刚拉伸的直线特征，以 *YZ* 面为镜像面。镜像前面所有凸起部分，以 *XZ* 面为镜像面。

（2）创建底部特征。

① 按 S 键进入草图，选择 *XY* 面为草图平面，绘制如图 1-156 所示的草图。

② 按 X 键，弹出"拉伸"对话框，选择矩形，设置"开始"距离为 0，"结束"距离为 5，布尔运算为"求和"，单击"应用"按钮；选择圆，设置"开始"为 0，"结束"为 5，布尔运算为"求差"，单击"确定"按钮。

③ 倒半径为 3 的圆角，对刚拉伸的两个特征做镜像，以 *YZ* 面为镜像面。

3. 隐藏草图和基准

（1）按 Ctrl+B 组合键，弹出"类选择"对话框，单击"类型过滤器"后面的 图标，在弹出的对话框中选择"草图"和"基准"，如图 1-157 所示，单击"确定"按钮，用鼠标拉出一个矩形框，把所有图形都选中，如图 1-158 所示，单击"确定"按钮，完成隐藏。

（2）最终内部效果如图 1-159 和图 1-160 所示。

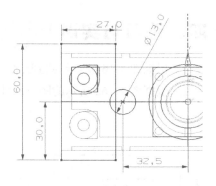

图1-156 草图6

图1-157 隐藏设置

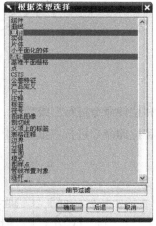

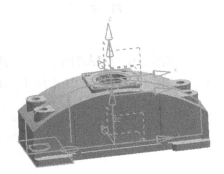

图1-158 选择草图和基准

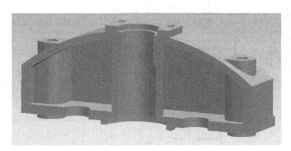

图1-159 实体图1

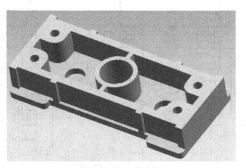

图1-160 实体图

四、练习与实训

1. 根据图 1-161 所示的图形尺寸，用草图和拉伸命令进行三维建模。
2. 根据图 1-162 所示的图形尺寸，用草图和拉伸命令进行三维建模。

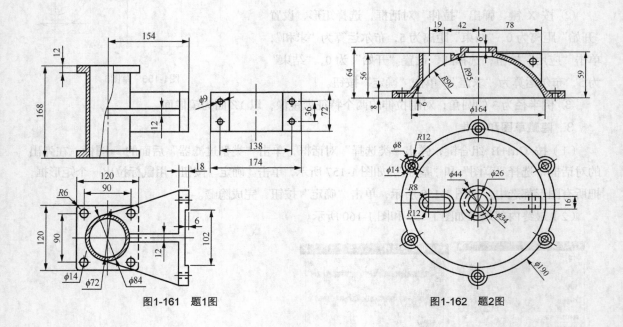

图1-161　题1图　　　　　　　　　　　　　　　　图1-162　题2图

3. 根据图 1-163 所示的图形尺寸，用草图和拉伸命令进行三维建模。
4. 根据图 1-164 所示的图形尺寸，用草图和拉伸命令进行三维建模。

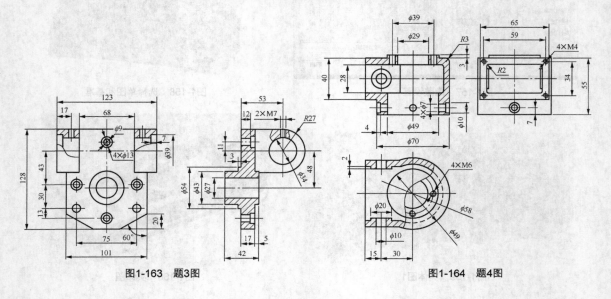

图1-163　题3图　　　　　　　　　　　　　　　　图1-164　题4图

任务五 标准件、常用件建模

【学习目标】

1. 掌握绘制弹簧、螺栓、齿轮、凸轮和涡轮、蜗杆等的三维建模步骤。
2. 掌握绘制三维造型的基本技巧。
3. 掌握绘制凸轮造型的基本技巧。
4. 掌握绘制涡轮、蜗杆的基本方法。

一、工作任务

本任务介绍常用通用件的三维实体设计，包括弹簧、螺栓、齿轮、凸轮和涡轮、蜗杆等。通过这些常用通用件的练习，掌握三维造型的基本技巧。

二、任务实施

1. 弹簧设计

本节通过 3 个实例讲解 3 种弹簧的三维建模方法。

（1）一般弹簧。设计圈数为 10，螺距为 30，半径为 50，材料截面为圆形，直径为 12 的右旋弹簧。

① 新建一个 sping.prt 文件，进入建模状态，单击"曲线"工具栏中的 按钮，弹出如图 1-165 所示"螺旋线"对话框，输入参数，单击"确实"按钮，结果如图 1-166 所示。

② 坐标系以 X 轴旋转 90°，单击"实用工具"工具栏中的 图标，弹出"旋转 WCS 绕..."对话框，设置参数如图 1-167 所示，单击"确定"按钮。

图1-165 "螺旋线"对话框

图1-166 生成螺旋线

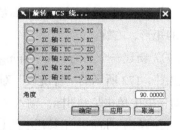

图1-167 "旋转WCS绕..."对话框

③ 绘制弹簧截面的圆。单击"曲线"工具栏中的 图标，弹出图 1-168 所示的对话框，单击 按钮，绘制以螺旋线的端点为圆心，直径为 12 的圆，结果如图 1-169 所示。

图1-168 "基本曲线"对话框

图1-169 绘制圆

④ 沿引导线扫掠。单击"特征"工具栏中的 图标，弹出图 1-170 所示的"沿引导线扫掠"对话框，截面选择刚才绘制的圆，引导线选择螺旋线，其他为默认值，单击"确定"按钮，结果如图 1-171 所示。

图1-170 "沿引导线扫掠"对话框

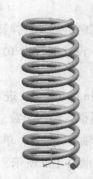

图1-171 生成螺旋弹簧

（2）圆锥螺旋弹簧。

设计一个圆锥螺旋弹簧，圈数为 7，螺距为 30，半径由 50 线性变化到 100，材料截面为 10×16 的矩形，右旋。

① 新建一个名为 screw_sping.prt 的文件，进入建模状态，单击"曲线"工具栏中的 图标，弹出图 1-172 所示的"螺旋线"对话框，输入圈数和螺距，单击 使用规律曲线 单选按钮，在弹出的对话框中单击 图标，输入图 1-173 所示的参数，生成图 1-174 所示的螺旋线。

② 单击"特征"工具栏中的 图标，在绘图区中选择 XOZ 平面作为绘图平面，进入草图状态，绘制图 1-175 所示的矩形截面，单击"草图生成器"工具栏中的 完成草图 按钮，回到建模状态。

③ 单击"曲线"工具栏中的 图标，弹出图 1-176 所示的"扫掠"对话框，单击截面的"选择曲线"，在绘图区中选择刚绘制的矩形截面草图，单击引导线的"选择曲线"，选择螺旋线，单击

定位方法中"指定矢量" 按钮旁的箭头，选择 ZC，单击"确定"按钮，生成图 1-177 所示的圆锥螺旋弹簧。

图1-172　"螺旋线"对话框

图1-173　半径的起始值

图1-174　生成圆锥螺旋线

图1-175　弹簧截面草图　　　图1-176　"扫掠"对话框

图1-177　生成的圆锥螺旋弹簧

（3）创建椭圆弹簧。

① 新建一个名为 ellipse_sping.prt 的文件，进入建模状态，单击"特征"工具栏中的 图标，在绘图区中选择 *XOZ* 平面作为绘图平面，进入草图状态。

② 单击"草图工具"工具栏中的 ⊙ 图标，弹出图 1-178 所示的"椭圆"对话框，不选择"封闭的"复选框，设置大半径为 100，小半径为 180，起始角为 -90，终止角为 90，中心点为（0,0,0），单击"确定"按钮，绘制一个半椭圆弧，单击"草图工具"工具栏中的 ╱ 图标，沿椭圆弧首尾绘制一条直线，结果图 1-179 所示，单击"草图生成器"工具栏中的 <img_2> 完成草图 按钮，返回建模状态。

图1-178　"椭圆"对话框

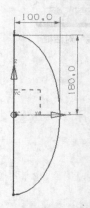

图1-179　绘制的草图

　　若工具栏上没有 ⊙ 图标，右击任何一个工具栏，选择"定制"选项，在弹出的"定制"对话框中选择"命令"制表页，在"类别"列中选择"插入"目录下的"曲线"，在"命令"列中找到 ⊙ 图标，并将其移到"草图工具"工具栏。

③ 单击"特征"工具栏中的 ⊤ 图标，弹出图 1-180 所示的"回转"对话框，单击"选择曲线"，在绘图区中选择刚才绘制的草图，单击"指定矢量"按钮，选择草图中的直线，设置开始角度为 0，结束角度为 360，其他参数默认。单击"确定"按钮，结果如图 1-181 所示。

④ 单击"特征"工具栏中的 图标，在绘图区中选择 XOZ 平面作为绘图平面，进入草图状态。单击"草图工具"工具栏中的 ╱ 图标，绘制一条与 Z 轴重合的竖直直线，标注新绘的直线两端分别与椭圆弧两端点的距离为 1，如图 1-182 所示。单击"草图生成器"工具栏中的 完成草图 按钮，返回建模状态。

⑤ 单击"草图生成器"工具栏中的 □ 图标，弹出图 1-183 所示的"基准平面"对话框，在"类型"选项框中选择"点和方向"，在绘图区中选择新绘制直线的下端点作为通过点，选择新绘制直线作为法向矢量，单击"确定"按钮，结果如图 1-184 所示。

⑥ 单击"特征"工具栏中的 图标，选择刚刚创建的基准平面，调整坐标系使 Z 轴向上，

单击"确定"按钮进入草图状态。单击"草图工具"工具栏中的 ╱ 图标，从坐标原点过 X 轴绘制长度为 120 的直线，结果如图 1-185 所示。单击"草图生成器"工具栏中的 🏁 完成草图 按钮，返回到建模状态。

图1-180　"回转"对话框

图1-181　回转结果

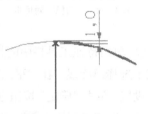

图1-182　新绘制的直线

图1-183　"基准平面"对话框

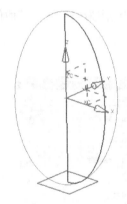

图1-184　创建基准平面

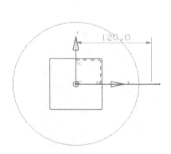

图1-185　绘制直线

⑦ 单击"特征"工具栏中的 图标，弹出"扫掠"对话框，在绘图区中选择刚才绘制的直线作为截面，选择通过 Z 轴的直线作为引导线，在"截面选项"中"定位方法"的"方位"栏选择"角度规律"，在"规律类型"中选择"线性"，"开始"设为 0，"结束"设为 2 880，其他保持默认设置，如图 1-186 所示。单击"确定"按钮，结果如图 1-187 所示。

⑧ 单击"曲线"工具栏中的 图标，弹出图 1-188 所示的"相交曲线"对话框，在绘图区中选择椭圆体为"第一组"，选择刚才生成的螺旋片体为"第二组"，其他保持默认设置，单击"确定"按钮。单击"实用工具"中的 图标，将椭圆体和螺旋片体隐藏，生成的相交曲线如图 1-189 所示。

图1-186 "扫掠"对话框

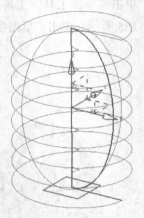

图1-187 扫掠结果

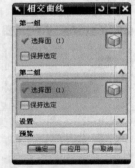

图1-188 "相交曲线"对话框

⑨ 单击特征工具栏中的 图标，弹出"创建草图"对话框，"类型"选择"在轨迹上"，在绘图区中选择螺旋线，在"平面位置"的"位置"栏选择"%弧度长"，"%弧度长"输入 0，其他保持默认设置。单击"确定"按钮进入草绘状态，以螺旋线的上端点为圆心绘制直径为 16 的圆，单击"草图生成器"工具栏中的 完成草图 按钮，返回到建模状态。

⑩ 单击"特征"工具栏中的 图标，弹出图 1-190 所示的"沿引导线扫掠"对话框，在绘图区选择刚才绘制的圆作为截面，选择螺旋线作为引导线，其他保持默认设置。单击"确定"按钮，隐藏多余的线，结果如图 1-191 所示。

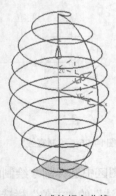

图1-189 生成的相交曲线

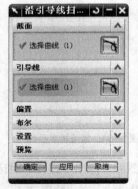

图1-190 "沿引导线扫掠"对话框

图1-191 生成的椭圆弹簧

2. 带轮设计

本节以典型的 V 带带轮为例介绍带轮的造型设计。

（1）新建一个名为 pulley.prt 的文件，进入建模状态，单击"特征"工具栏中的 图标，弹出图 1-192 所示的"圆柱"对话框，直径设为 167，高度设为 61，轴线与 Z 轴重合，单击"确定"按钮，生成带轮毛坯。

（2）单击"特征"工具栏中的 图标，弹出"创建草图"对话框，在绘图区中选择 *ZC-XC* 平面为草图平面，绘制图 1-193 所示的草图，单击"草图生成器"工具栏中的 完成草图 按钮，返回到建模状态。

（3）单击"特征"工具栏中的 图标，弹出"回转"对话框，单击"选择曲线"，在绘图区中选择刚才绘制的封闭草图，单击"指定矢量"，在绘图区中选择 *Z* 轴，开始角度设为 0，结束角度设为 360，"布尔"设置为"求差"，其他参数保持默认值。单击"确定"按钮，结果如图 1-194 所示。

图1-192　"圆柱"对话框

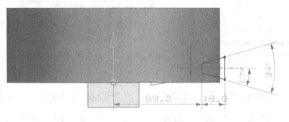

图1-193　绘制草图

图1-194　回转结果

（4）旋转坐标系，单击"实用工具"工具栏中的 图标，绕 *XC* 轴旋转 90°。单击"特征操作"工具栏中的 图标，弹出"实例"对话框，单击"矩形阵列"按钮，选择带轮的沟槽，单击"确定"按钮，在图 1-195 所示的"输入参数"对话框中输入参数值，单击"确定"按钮，结果如图 1-196 所示。

图1-195　"输入参数"对话框

图1-196　矩形阵列特征结果

（5）单击"特征"工具栏中的 图标，弹出"创建草图"对话框，在绘图区中选择带轮端面为草图绘制面，单击"确定"按钮，绘制图 1-197 所示的草图，单击"草图生成器"工具栏中的 完成草图 按钮，返回到建模状态。

（6）单击"特征"工具栏中的 图标，弹出"拉伸"对话框，如图 1-198 所示，选择带轮箍圆和键槽作为截面，开始距离为 0，结束距离为 61，"布尔"选择"求差"，单击"确定"按钮，结果如图 1-199 所示。

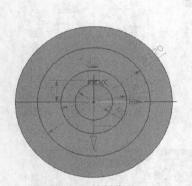

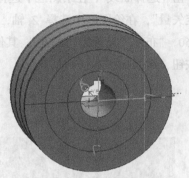

图1-197　绘制草图　　　　　　图1-198　"拉伸"对话框　　　　　　图1-199　拉伸后的带轮和键槽

（7）再次单击"特征"工具栏中的 图标，弹出"拉伸"对话框，选择除轮毂外的 2 个圆作为截面，开始距离为 0，结束距离为 10，"布尔"选择"求差"，单击"应用"按钮，再次选择上述 2 个圆作为截面，开始距离为 61-10，结束距离为 61，单击"确定"按钮，隐藏辅助线，结果如图 1-200 所示。

3. 齿轮设计

（1）直齿轮造型设计。

① 直齿轮的参数计算公式。

分度圆直径 $D=mz$

齿顶圆直径 $d_a=m(z+2)$

齿根圆直径 $d_f=m(z-2.5)$

基圆直径 $d=mz\cos\theta$

分度圆齿槽角 $\phi=360\div z\div 2$

图1-200　带轮三维模型

式中，m 为齿轮模数；z 为尺寸的齿数；θ 为齿轮的压力角，标准压力角为 20°。

② 渐开线数学模型。

K 点坐标为（x，y），其值为：

$$x = r\cos u + ru\sin u$$
$$y = r\sin u - ru\cos u$$

式中，r 为基圆半径；u 为渐开线展角，$u \in 0° \sim 60°$。渐开线展开示意图如图 1-201 所示。在建模状态下，曲线工具栏中 （规律曲线）的 （根据方程）按钮，用于设置曲线的关于

t 的参数方程。参数 t 是一个特殊变量，运行时，t 自动由 0 变化到 1（$t \in [0,1]$）。利用 t 值自动变化的特性，构造一个函数 $u=(1-t) \times a + t \times b$，可以设定 u 的值由 a 线性变化到 b，如图 1-202 所示。

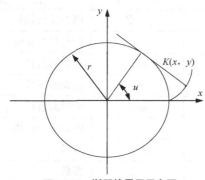

图1-201　渐开线展开示意图

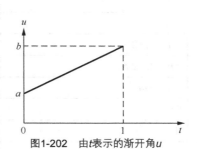

图1-202　由 t 表示的渐开角 u

将 x、y 为 u 的函数转化为 x、y、z 为 t 的函数。

$$x_t = r \times \cos(u) + r \times \mathrm{rad}(u) \times \sin(u)$$
$$y_t = r \times \sin(u) - r \times \mathrm{rad}(u) \times \cos(u)$$
$$z_t = 0$$

（2）设计实例。以模数为 4，齿数为 24，齿厚为 25 的齿轮为例，说明直齿轮建模的操作过程。

$$a=0，b=60°，m=4，z=24，H=25$$

① 在 UG 下，建立名称为 gear 的文件，并进入建模状态。

② 执行菜单"工具"→"表达式"命令，弹出图 1-203 所示的对话框，输入表 1-1 所示的表达式，或者单击 图标，从光盘导入 gear.exp 文件，把表 1-1 中的所有内容导入表达式中。输入或导入完毕，单击"确定"按钮关闭对话框。

　　表达式复杂，可以将表达式保存在扩展名为 exp 的文件中，在 Windows 状态下使用记事本可以将其打开并修改其内容。

③ 单击"曲线"工具栏中的 图标，弹出如图 1-204 所示的"基本曲线"对话框，单击 图标，绘制圆心为（0,0,0）的齿顶圆（d_a）、齿根圆（d_f）和分度圆（d）3 个圆。

图1-203　"表达式"对话框

图1-204　"基本曲线"对话框

表1-1   直齿轮参数化设计参数表

名　称	公　式	值	单　位	含　义
a	0	0	°（度）	渐开角初始值
b	60	60	°	渐开角终止值
d	$=m \times z$	96	mm	分度圆直径
d_a	$=m \times (z+2)$	104	mm	齿顶圆直径
d_f	$=m \times (z-2.5)$	86	mm	齿根圆直径
f_i	$=360/z/4$	3.75	°	四分之一两齿之间夹角
H	25	25	mm	齿厚
m	4	4	无	模数
r	$=d \times \cos(20)/2$	45.105 25	mm	基圆半径
t	0	0	无	自动变化参数
u	$=a \times (1-t)+b \times t$	0	°	渐开角
x_t	$=r \times \cos(u)+r \times \mathrm{rad}(u) \times \sin(u)$	45.105 25	mm	渐开线x分量
y_t	$=r \times \sin(u)-r \times \mathrm{rad}(u) \times \cos(u)$	0	mm	渐开线y分量
z	24	24	无	齿数
z_t	0	0	mm	渐开线z分量

④ 单击曲线工具栏中的 （规律曲线）图标，弹出图1-205所示的"规律函数"对话框，单击3次 （根据方程）图标，分别给x_t、y_t、z_t 3个分量设置参数方程，然后弹出图1-206所示的"规律曲线"对话框，单击"确定"按钮，结果如图1-207所示。

图1-205 "规律函数"对话框

图1-206 "规律曲线"对话框

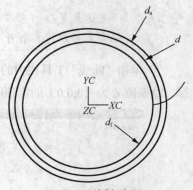

图1-207 绘制3个圆

　　在UG中， （规律曲线）第一次给X分量（用x_t表示）设定变化规律，第二次给Y分量（用y_t表示）设置变化规律，第三次给Z分量（用z_t表示）设置变化规律。

⑤ 单击曲线工具栏中的 图标，弹出图1-204所示的"基本曲线"对话框，单击 图标，绘制由渐开线与分度圆交点到圆心的直线1，绘制由渐开线开始点（端点捕获）到圆心的直线2，

如图 1-208 所示。

在捕获渐开线与分度圆交点时使用 <del></del>（交点）捕获方式，选择对象时先后选择分度圆和渐开线。

⑥ 单击"特征"工具栏中的 <del></del> 图标，弹出"实例几何体"对话框，如图 1-209 所示。或者执行菜单"编辑"→"移动对象"命令，弹出"移动对象"对话框。

设置类型为 <del></del> 旋转 ，选择绘图区中的直线 1，指定矢量选择 ZC 轴，指定点为（0,0,0），角度为 $-f_i$，单击"确定"按钮，生成直线 3，结果如图 1-210 所示。

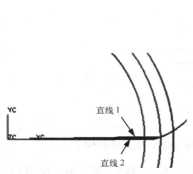

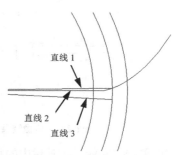

图1-208 绘图两条直线　　　图1-209 "实例几何体"对话框　　　图1-210 旋转直线1生成直线3

⑦ 以直线 3 为镜面，对直线 2 和渐开线进行镜像操作。单击标准工具栏中的 <del></del> 图标，弹出图 1-211 所示的"变换"对话框，选择直线 2 和渐开线，单击"确定"按钮，弹出图 1-212 所示的对话框，单击 通过一直线镜像 按钮，弹出图 1-213 所示的对话框，单击 现有的直线 按钮，选择直线 3 作为镜面，弹出图 1-214 所示的对话框，单击 复制 按钮，再单击"取消"按钮，结果如图 1-215 所示。

图1-211 "变换"对话框1　　　　　图1-212 "变换"对话框2

图1-213　"变换"对话框3

图1-214　"变换"对话框4

⑧ 裁剪。将图 1-215 所示的图形裁剪为图 1-216 所示的图形。单击曲线工具栏中的 图标，在弹出的"基本曲线"对话框中单击 图标，弹出"修剪曲线"对话框，在该对话框中不选择"关联"复选框，裁剪后获得的齿槽形状如图 1-216 所示。

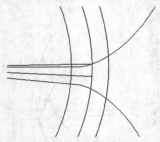

图1-215　镜像结果

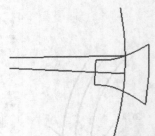

图1-216　裁剪形成的齿槽形状

⑨ 单击"曲线"工具栏中的 图标，弹出图 1-204 所示的"基本曲线"对话框，单击 图标，绘制齿顶圆（d_a）。

⑩ 单击"特征"工具栏中的 图标，弹出图 1-217 所示的"拉伸"对话框，选择刚才绘制的齿顶圆，拉伸距离为 H，其他选项保持默认，单击"确定"按钮，绘制齿轮毛坯圆柱体。

⑪ 单击"特征"工具栏中的 图标，弹出图 1-217 所示"拉伸"对话框，选择齿槽为拉伸对象，拉伸距离为 H，与毛坯齿轮求差运算，其他选项保持默认，单击"确定"按钮，结果如图 1-218 所示。

图1-217　"拉伸"对话框

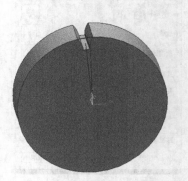

图1-218　在毛坯上加工一个齿槽

⑫ 单击"特征"工具栏中的 ![] 图标，弹出图 1-219 所示的"实例"对话框，单击 圆形阵列 按钮，选择刚才拉伸的齿槽，单击"确定"按钮，弹出图 1-220 所示的"实例"对话框，输入数量为"z"，角度为"360/z"，单击"确定"按钮，弹出图 1-221 所示的"实例"对话框，单击 点和方向 按钮，弹出图 1-222 所示的"矢量"对话框，选择 ZC 轴，单击"确定"按钮，弹出"点"对话框，输入点坐标值（0,0,0），单击 2 次"确定"按钮，结果如图 1-223 所示。

图1-219 "实例"对话框

图1-220 "实例"对话框

图1-221 "实例"方位对话框

图1-222 "矢量"对话框

图1-223 齿槽阵列结果

⑬ 单击"特征"工具栏中的 ![] 图标，弹出图 1-224 所示的"创建草图"对话框，选择齿轮端面为草图平面，单击"确定"按钮，绘制图 1-225 所示的草图，单击"草图生成器"工具栏中的 ![] 完成草图 按钮，返回到建模状态。

图1-224 "创建草图"对话框

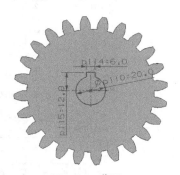

图1-225 草图

⑭ 单击"特征"工具栏中的 ![] 图标，弹出图 1-217 所示的"拉伸"对话框，选择刚才绘制的草图为拉伸对象，拉伸距离为 H，与齿轮求差运算，其他选项默认，单击"确定"按钮，隐藏相关

曲线，结果如图 1-226 所示。

4. 斜齿轮造型设计

（1）斜齿轮参数计算公式。

基本参数：法面模数 m_n，齿数 z，法面压力角 $\alpha=20°$，
螺旋角 $\beta=9.214\ 17$，齿轮厚度 H。

根据基本参数可以计算出斜齿轮的其他参数。

端面模数 $m_d=m_n \div \cos\beta$

分度圆直径 $d=m_n \cdot z \div \cos\beta$

端面压力角 $\alpha_d=\arctan(\tan\alpha \div \cos\beta)$

基圆半径 $r=d \cdot \cos\alpha_d \div 2$

齿顶圆直径 $d_a=d+2m_n$

齿根圆直径 $d_f=d-2.5m_n$

分度圆齿槽半角 $\varphi=360 \div z \div 4$

斜齿轮螺旋线螺距 $d_{is}=p_i \cdot d \div \tan\beta$

图1-226　直齿轮设计结果

（2）设计实例。

参数：法面模数 $m_n=4$，齿数 $z=36$，法面压力角 $\alpha=20°$，螺旋角 $\beta=9.214\ 17$，齿轮厚度 $H=32$。

操作步骤如下。

① 在 UG 下，建立名称为 helical_gear 的文件，并进入建模状态。

② 执行菜单"工具"→"表达式"命令，弹出图 1-227 所示的"表达式"对话框，输入表 1-2 所示的表达式，或者单击 图标，从光盘导入 helical_gear.exp 文件，把表 1-2 中的所有内容导入表达式中。输入或导入完毕，单击"确定"按钮关闭对话框。

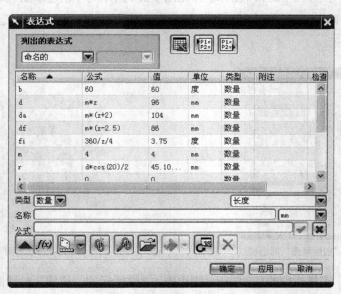

图1-227　"表达式"对话框

表 1-2 斜齿轮参数化设计参数表

名　称	公　式	值	单　位	含　义
a	0	0	°（度）	渐开角初始值
a_{avf}	arctan(tan(20)/cos(b_{ta}))	20.240 35	°	端面压力角
b	60	60	°	渐开角终止值
b_{ta}	9.21417	9.214 17	°	斜齿轮螺旋角
d	$mn \times z/\cos(b_{ta})$	145.882 4	mm	分度圆直径
d_{is}	$p_i() \times d/\tan(b_{ta})$	2 825.221	mm	斜齿轮齿槽螺旋线螺距
d_a	$d+2 \times m$	153.986 9	mm	齿顶圆直径
d_f	$d-2.5 \times m$	135.751 6	mm	齿根圆
f_i	360/z/4	2.5	°	四分之一两齿之间夹角
H		32	mm	齿轮厚度
m	$mn/\cos(b_{ta})$	4.052 288	无	端面模数
mn	4	4	无	法向模数
r	$d \times \cos(arf)/2$	136.874 1	mm	基圆半径
t	0	0	无	自动变化参数
u	$(1-t) \times a+b \times t$	0	°	渐开角
x_t	$r \times \cos(u)+r \times \mathrm{rad}(u) \times \sin(u)$	136.874 1	mm	渐开线 x 分量
y_t	$r \times \sin(u)-r \times \mathrm{rad}(u) \times \cos(u)$	0	mm	渐开线 y 分量
z	32	36	无	齿数
z_t	0	0	mm	渐开线 z 分量

③ 单击"曲线"工具栏中的 图标，弹出图 1-228 所示的"基本曲线"对话框，单击 图标，以点（0,0,0）为圆心，绘制齿顶圆（d_{a+1}，比齿顶圆稍大一点）、齿根圆（d_f）和分度圆（d）3 个圆。

④ 单击"曲线"工具栏中的 （规律曲线）图标，单击 3 次 （根据方程）图标，分别给 x_t、y_t、z_t 3 个分量设置参数方程，单击"确定"按钮，绘制渐开线。

⑤ 单击"曲线"工具栏中的 图标，单击 按钮，绘制由渐开线与分度圆交点到圆心的直线 1，绘制由渐开线开始点（端点捕获）到圆心的直线 2，如图 1-229 所示。

⑥ 单击"特征"工具栏中的 图标，弹出"实例几何体"对话框。

选择类型为 旋转 ，选择绘图区中的直线 1，指定矢量选择 ZC 轴，指定点为（0,0,0），角度为$-f_i$，单击"确定"按钮，生成直线 3，结果如图 1-230 所示。

⑦ 单击标准工具栏中的 图标，以直线 3 为镜面，对直线 2 和渐开线进行镜像操作。结果如图 1-231 所示。

⑧ 裁剪。将图 1-231 所示的图形裁剪为图 1-232 所示的图形。单击曲线工具栏中的 图标，在弹出的"基本曲线"对话框中单击 图标，弹出"修剪曲线"对话框，在该对话框中不选择"关联"复选框。

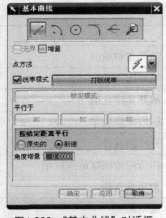

图1-228　"基本曲线"对话框

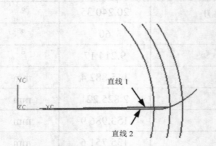

图1-229　绘制两条直线

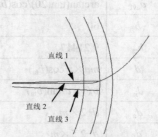

图1-230　旋转直线1生成直线3

图1-231　镜像结果

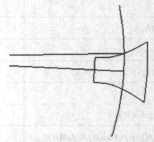

图1-232　裁剪形成的齿槽形状

⑨ 单击"曲线"工具栏中的 图标，再单击 图标，绘制圆心为（0,0,0）、直径为 d_a 的齿顶圆。

⑩ 单击"特征"工具栏中的 图标，选择刚才绘制的齿顶圆，拉伸距离为 H，其他选项保持默认，单击"确定"按钮，绘制齿轮毛坯圆柱体。

⑪ 单击"曲线"工具栏中的 图标，弹出图1-233所示的"螺旋线"对话框，输入参数，单击"确定"按钮，结果如图1-234所示。

图1-233　"螺旋线"对话框

图1-234　齿轮毛坯

⑫ 单击"特征"工具栏中的 图标，弹出图 1-235 所示的"沿引导线扫掠"对话框，选择齿槽为拉伸对象，选择刚才绘制的螺旋线为引导线，并进行布尔"求差"运算，单击"确定"按钮，结果如图 1-236 所示。

图1-235 "沿引导线扫掠"对话框

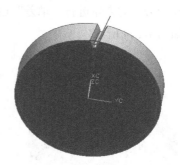

图1-236 生成的齿槽

⑬ 单击"特征操作"工具栏中的 图标，弹出图 1-237 所示的"实例"对话框，单击 圆形阵列 按钮，弹出如图 1-238 所示的"实例"对话框，选择"扫略"，单击"确定"按钮，弹出图 1-239 所示的"实例"对话框，数量为 z，角度为 360/z，单击"确定"按钮，在弹出的对话框中单击 点和方向 按钮，弹出图 1-240 所示的"矢量"对话框，选择 ZC 轴，单击"确定"按钮，弹出图 1-241 所示的"点"对话框，输入（0,0,0），单击"确定"按钮，单击 是 按钮，结果如图 1-242 所示。

图1-237 "实例"对话框

图1-238 选择实例特征

图1-239 设置实例参数

图1-240 "矢量"对话框

图1-241 "点"对话框

图1-242 生成的斜齿轮

⑭ 单击"特征"工具栏中的 图标，弹出"创建草图"对话框，在绘图区中选择斜齿轮的端面，单击"确定"按钮，进入草图状态，绘制图 1-243 所示的草图，单击"草图生成器"工具栏中的 完成草图 按钮，返回到建模状态。

⑮ 单击"特征"工具栏中的 图标，弹出 "拉伸"对话框，选择刚才绘制的草图为拉伸对象，拉伸距离为 H，与齿轮进行"求差"运算，其他选项保持默认，单击"确定"按钮，隐藏相关曲线，结果如图 1-244 所示。

图1-243　绘制的孔及键槽草图

图1-244　斜齿轮设计结果

5. 直齿锥齿轮造型设计

（1）直齿锥齿轮参数计算公式。一对直齿锥齿轮的齿数分别为 z_1 和 z_2，大端模数为 m，齿顶高系数 $h_a^* = 1$，齿隙系数 $c^* = 0.2$，压力角 $\alpha = 20°$，如图 1-245 所示。

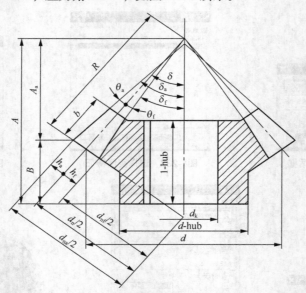

图1-245　直齿锥齿轮示意图

分锥角 $\delta = \arctan\left(\dfrac{z_1}{z_2}\right)$

大端锥距 $R = 0.5mz/\sin\delta$

齿宽 $b=\min\{0.3R,10m\}$

大端分度圆直径 $d=mz_1$

大端分度圆直径 $d_n=d/\cos\delta$

大端齿顶高 $h_a=mh_a^*$

大端齿根高 $h_f=m(h_a^*+c^*)$

大端全齿高 $h=h_a+h_f$

齿根角 $\theta_f=\arctan(h_f/R)$

齿顶角（等顶隙收缩） $\theta_a=\theta_f$

顶锥角 $\delta_a=\delta+\theta_a$

根锥角 $\delta_f=\delta-\theta_f$

大端法向齿顶圆直径 $d_{na}=d_n+2h_a$

大端法向齿根圆直径 $d_{nf}=d_n-2h_f$

（2）设计实例。已知一对直齿锥齿轮的齿数分别为 $z_1=22$ 和 $z_2=25$，大端模数 $m=4$，齿顶高系数 $h_a^*=1$，齿隙系数 $c^*=0.2$，压力角 $\alpha=20°$，建立 $z_1=22$ 的直齿锥齿轮的三维模型。

操作步骤如下。

① 在 UG 下，建立名称为 cone_gear 的文件，并进入建模状态。

② 执行菜单"工具"→"表达式"命令，弹出图 1-227 所示的"表达式"对话框，输入表 1-3 所示的表达式，或者单击 图标，从光盘导入 cone_gear.exp 文件，把表 1-3 中的所有内容导入表达式中。输入或导入完毕，单击"确定"按钮关闭对话框。

表 1-3 直齿锥齿轮参数化设计参数表

名 称	公 式	值	单 位	含 义
R	$0.5 \times m \times z / \sin(d_{ta})$	66.603 3	mm	大端锥距 R
R_j	$d_n \times \cos(20)/2$	55.076 24	mm	大端法向基圆半径
b	28	28	mm	齿宽
d	$m \times z_1$	88	mm	大端分度圆直径
d_n	$mn \times z_1$	117.221 8	mm	大端法向分度圆直径
d_{na}	$d_n + 2 \times h_a$	125.221 8	mm	大端法向齿顶圆直径
d_{nf}	$d_n - 2 \times h_f$	107.621 8	mm	大端法向齿根圆直径
d_{ta}	$r\tan(z_1/z_2) \times 180/p_i()$	41.347 78	mm	分锥角 δ
d_{taa}	$d_{ta} + r\tan(h_f/R) \times 180/p_i()$	45.469 87	mm	顶锥角 δ_a
d_{taf}	$d_{ta} - r\tan(h_f/R) \times 180/p_i()$	37.225 68	mm	根锥角 δ_f
f_i	$360 \times \cos(d_{ta})/z_1/4$	3.071 101	°	四分之一两齿之间夹角 φ
h_a	m	4	mm	大端齿顶高
h_f	$1.2 \times m$	4.8	mm	大端齿根高
m	4	4	无	大端模数

续表

名　称	公　式	值	单　位	含　义
m_n	$m/\cos(d_{ta})$	5.328 264	无	法向模数
t	0	0	无	自动变化参数
u	$60 \times t$	0	°	渐开角
x_t	$R_j \times \cos(u) + R_j \times \text{rad}(u) \times \sin(u)$	55.076 24	mm	渐开线 x 分量
y_t	$R_j \times \sin(u) - R_j \times \text{rad}(u) \times \cos(u)$	0	mm	渐开线 y 分量
z_1	22	22	无	第一个齿数
z_2	25	25	无	第一个齿数
z_t	0	0	mm	渐开线 z 分量

③ 单击"特征"工具栏中的 图标,弹出"创建草图"对话框,在绘图区中选择 XOZ 平面为草图平面,绘制图 1-246 所示的剖面,单击 完成草图 按钮,返回建模状态。

④ 单击"特征"工具栏中的 图标,弹出图 1-247 所示的对话框,单击"选择曲线"的 图标,在绘图区中选择刚才绘制的草图截面,单击"指定矢量",在绘图区中选择 Z 轴,其他参数保持默认,单击"确定"按钮关闭对话框,隐藏草图截面线,生成图 1-248 所示的锥齿轮毛坯。

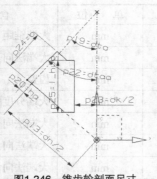

图1-246　锥齿轮剖面尺寸

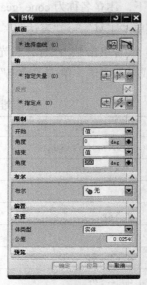

图1-247　"回转"对话框

⑤ 单击"实用工具"工具栏中的 图标,弹出图 1-249 所示的"旋转 WCS 绕…"对话框,使坐标系绕+YC 轴旋转 180°+d_{ta},单击"确定"按钮关闭对话框。

⑥ 单击"曲线"工具栏中的 图标,弹出"基本曲线"对话框,单击 图标,以(0,0,0)为圆心,绘制大端法面齿顶圆(d_{na}+0.1)、大端法面齿根圆(d_{nf})和大端法面分度圆(d_n)3 个圆。

⑦ 单击"曲线"工具栏中的 (规律曲线)图标,再单击 3 次 (根据方程)图标,分别给 x_t、y_t、z_t 3 个分量设置参数方程,单击"确定"按钮,绘制渐开线。

图1-248 锥齿轮毛坯

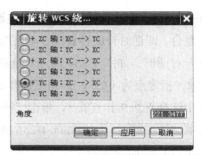

图1-249 "旋转WCS绕…"对话框

⑧ 单击"曲线"工具栏中的 图标，单击 图标，绘制由渐开线与分度圆交点到圆心的直线 1，绘制由渐开线开始点（端点捕获）到圆心的直线 2，如图 1-250 所示。

⑨ 单击"特征"工具栏中的 图标，弹出"实例几何体"对话框，选择类型为 旋转，选择绘图区中的直线 1，指定矢量选择 ZC 轴，指定点为（0,0,0），角度为 $-f_i$，单击"确定"按钮，生成直线 3，结果如图 1-251 所示。

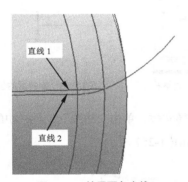

图1-250 绘图两条直线

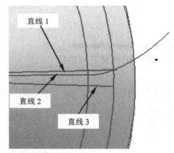

图1-251 旋转直线1生成直线3

⑩ 单击"标准"工具栏中的 图标，以直线 3 为镜面，对直线 2 和渐开线进行镜像操作。隐藏锥齿轮毛坯。单击曲线工具栏中的 图标，在弹出的"基本曲线"对话框中单击 图标，弹出"修剪曲线"对话框，在该对话框中不选择"关联"复选框。结果如图 1-252 所示。

⑪ 单击"曲线"工具栏中的 图标，再单击 图标，绘制由齿槽端点 P 到分度圆圆心的直线 2，直线 2 与 XC 重合，如图 1-253 所示。

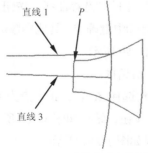

图1-252 裁剪形成的大端齿槽形状

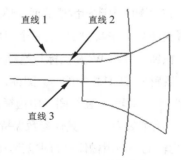

图1-253 绘制直线2

⑫ 由于 ZC 平面的切线为 XC 轴，但锥齿轮的齿槽截面与 XC 不对称，旋转齿槽截面使直线3与直线2重合，即逆时针旋转直线3与直线2的夹角。单击"特征"工具栏中的 图标，弹出"实例几何体"对话框，如图 1-254 所示。选择类型为 旋转，选择绘图区中的齿槽截面，指定矢量选择 ZC 轴，指定点为（0,0,0），角度选择测量，系统弹出如图 1-255 所示的"测量角度"对话框，在绘图区中选择直线3和直线1，单击"确定"按钮，返回"实例几何体"对话框，再单击"确定"按钮，隐藏源齿槽截面，结果如图 1-256 所示。

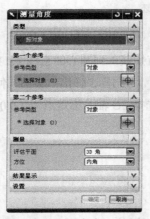

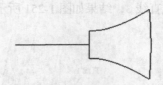

图1-254　"实例几何体"对话框　　　　图1-255　"测量角度"对话框　　　　图1-256　旋转后的齿槽

⑬ 绘制3条引导线。显示隐藏的旋转体截面草图和旋转实体，单击"曲线"工具栏中的 图标，单击 图标，绘制 $P1P4$、$P2P4$、$P3P5$ 3条直线，如图 1-257 所示。

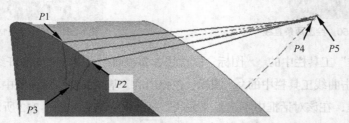

图1-257　绘制的3个引导线

⑭ 单击"曲线"工具栏中的 图标，弹出图 1-258 所示的"扫掠"对话框。单击"截面"下的选择曲线，在绘图区中选择齿槽截面，单击对话框中"引导线"下的"选择曲线"按钮，在绘图区中分别选择 $P1P4$、$P2P4$、$P3P5$ 这3个引导线，每选择一个按鼠标中键确定，其他参数保持默认，单击"确定"按钮，并将 WCS 坐标与绝对坐标重合，结果如图 1-259 所示。

⑮ 单击"特征"工具栏中的 图标，弹出"实例几何体"对话框。

选择类型为 旋转，在绘图区中选择齿槽扫掠体，指定矢量选择 ZC 轴，指定点为（0,0,0），角度为 $360/z_1$，副本数为 z_{1-1}，其他参数保持默认，单击"确定"按钮，结果如图 1-260 所示。

⑯ 对锥齿轮毛坯与齿槽体进行求差运算，隐藏辅助线，结果如图 1-261 所示。

图1-258 "扫掠"对话框

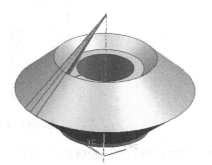

图1-259 单个齿槽扫掠结果

图1-260 实例齿槽体结果

图1-261 锥齿轮建模

6. 凸轮设计

（1）推杆变化规律的盘形凸轮设计。该方法已经明确了推杆的运动规律，并可使用参数来描述推杆端点的坐标参数。

① 参数计算。凸轮与推杆的偏心距为 e，推杆的初始位置下端距离凸轮旋转中心的垂直距离为 s_0，凸轮以 ω 的角速度逆时针旋转。为了便于分析，把凸轮视为固定不动，推杆绕凸轮顺时针旋转，如图 1-262 所示。

凸轮与推杆相接触的点坐标为 (x, y)，其参数方程为

$$\begin{cases} x = (s_0 + s)\sin\delta + e\cos\delta \\ y = (s_0 + s)\cos\delta - e\sin\delta \end{cases}$$

② 设计实例。已知推杆的运动规律：在凸轮转过 0～120° 时，推杆等加速等减速上升 15mm；凸轮在 120°～180° 时，推杆停止不动；凸轮在 180°～240° 时，推杆等加速等减速下降 15mm；最后，凸轮在 240°～360° 时，推杆又停止不动。设凸轮系顺时针方向等速转动，其基圆半径为 80mm，推杆滚子的半径为 6mm，凸轮的中央孔径为 40mm，厚度为 30mm。制作相应的凸轮。

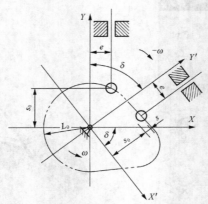

图1-262　凸轮工作示意图

由于 $e=0$，所以相应的理论轮廓曲线方程为

$$\begin{cases} x = (s_0 + s)\sin\delta \\ y = (s_0 + s)\cos\delta \end{cases}$$

推程阶段：$\delta_{01}=120°$

等加速部分

$$S_1 = \frac{2h}{\delta_{01}^2}\delta_1^2 = \frac{2\times15}{120^2}\delta_1^2 \qquad (\delta_1 \text{ 由 } 0\to60°)$$

等减速部分

$$S_2 = h - \frac{2h}{\delta_{01}^2}(\delta_{01} - \delta_1)^2 = 15 - \frac{2\times15}{120^2}(120-\delta_1)^2 \qquad (\delta_1 \text{ 由 } 60°\to120°)$$

远休止阶段：$\delta_{02}=60°$

$$S_3=15, \text{ 保持不变} \qquad (\delta_2 \text{ 由 } 0°\to60°)$$

回程阶段：$\delta_{03}=60°$

等加速部分

$$S_4 = h - \frac{2h}{\delta_{03}^2}\delta_3^2 = 10 - \frac{2\times15}{60^2}\delta_3^2 \qquad (\delta_3 \text{ 由 } 0\to30°)$$

等减速部分

$$S_5 = \frac{2h}{\delta_{03}^2}(\delta_{03} - \delta_3)^2 = \frac{2\times15}{60^2}(60-\delta_3)^2 \qquad (\delta_3 \text{ 由 } 30°\to60°)$$

近休止阶段：$\delta_{04}=120°$

$$S_6=0 \text{ 保持不变} \qquad (\delta_4 \text{ 由 } 0°\to120°)$$

UG 表达式如下。

已知条件：

h=15（长度，单位为 mm）	//升程
R0=80（长度，单位为 mm）	//基圆半径
Rr=6（长度，单位 mm）	//滚半径
d=40（长度，单位 mm）	//盘形凸轮中央孔径
thick=30（长度，单位 mm）	//盘形凸轮厚度
Angle01=120（角度，度）	//远转角 δ_{01}
Angle02=60（角度，度）	//远程休止角 δ_{02}

```
Angle03=60（角度，度）                    //回程转角δ₀₃
Angle04=120（角度，度）                   //近休止角δ₀₄
```

推程等加速阶段：

```
t=1                                      //参数，无单位
a1=0                                     //起始角，角度，单位为度
b1=60                                    //终止角，角度，单位为度
J1=a1*(1-t)+b1*t                         //凸轮转角δ由0→60°，角度，单位为度
S1=2*h*J1*J1/(Angle01*Angle01)           //升程变量，长度，单位为mm
x1=(R0+S1)*sin(J1)                       //X分量变化曲线，长度，单位为mm
y1=(R0+S1)*cos(J1)                       //Y分量变化曲线，长度，单位为mm
```

推程等减速阶段：

```
t=1                                      //参数，无单位
a2=60                                    //起始角，角度，单位为度
b2=120                                   //终止角，角度，单位为度
J2=a2*(1-t)+b2*t                         //凸轮转角δ由60°→120°，角度，单位为度
S2=h-2*h*(Angle01-J2)*(Angle01-J2)/(Angle01*Angle01)
                                         //升程变量，长度，单位为mm
x2=(R0+S2)*sin(J2)                       //X分量变化曲线，长度，单位为mm
y2=(R0+S2)*cos(J2)                       //Y分量变化曲线，长度，单位为mm
```

远休止阶段：

```
t=1                                      //参数，无单位
a3=120                                   //起始角，角度，单位为度
b3=180                                   //终止角，角度，单位为度
J3=a3*(1-t)+b3*t                         //凸轮转角δ由120°→180°，角度，单位为度
S3=h                                     //升程变量，长度，单位为mm
x3=(R0+S3)*sin(J3)                       //X分量变化曲线，长度，单位为mm
y3=(R0+S3)*cos(J3)                       //Y分量变化曲线，长度，单位为mm
```

回程加速阶段：

```
t=1                                      //参数，无单位
a4=180                                   //起始角，角度，单位为度
b4=210                                   //终止角，角度，单位为度
J4=a4*(1-t)+b4*t                         //凸轮转角δ由180°→210°，角度，单位为度
S4=h-2*h*(J4-Angle01-Angle02)*(J4-Angle01-Angle02)/(Angle03*Angle03)
                                         //升程变量，长度，单位为mm
x4=(R0+S4)*sin(J4)                       //X分量变化曲线，长度，单位为mm
y4=(R0+S4)*cos(J4)                       //Y分量变化曲线，长度，单位为mm
```

回程减速阶段：

```
t=1                                      //参数，无单位
a5=210                                   //起始角，角度，单位为度
b5=240                                   //终止角，角度，单位为度
J5=a5*(1-t)+b5*t                         //凸轮转角δ由210°→240°，角度，单位为度
S5=2*h*(J5-Angle01-Angle02-Angle03)*(J5-Angle01-Angle02-Angle03)/(Angle03*Angle03)
    //升程变量，长度，单位为mm
x5=(R0+S5)*sin(J5)                       //X分量变化曲线，长度，单位为mm
y5=(R0+S5)*cos(J5)                       //Y分量变化曲线，长度，单位为mm
```

近休止阶段：

```
t=1                        //参数，无单位
a6=240                     //起始角，角度，单位为度
b6=360                     //终止角，角度，单位为度
J6=a6*(1-t)+b6*t           //凸轮转角δ由240°→360°，角度，单位为度
S6=0                       //升程变量，长度，单位为mm
x6=(R0+S6)*sin(J6)         //X分量变化曲线，长度，单位为mm
y6=(R0+S6)*cos(J6)         //Y分量变化曲线，长度，单位为mm
```

（2）操作步骤。

① 在UG下，建立名称为cam1的文件，并进入建模状态。

② 执行菜单"工具"→"表达式"命令，在弹出的对话框中输入上述的表达式，或者单击 图标，从光盘导入cam.exp文件，把上述内容导入表达式中。输入或导入完毕，单击"确定"按钮关闭对话框。

③ 单击"曲线"工具栏中的 图标，弹出"规律函数"对话框，单击 （根据方程）图标，弹出另一对话框，保持默认值 t，单击"确定"按钮，又弹出"定义 X"对话框，输入x1，单击"确定"按钮；再单击 图标，保持取默认值 t，单击"确定"按钮，又弹出"定义 Y"对话框，输入y1；单击 图标，弹出对话框，输入参数0，单击2次"确定"按钮，推程等加速阶段推杆轮子中心轨迹绘制完毕。

④ 重复步骤③分别给 $x2$、$y2$、$x3$、$y3$、$x4$、$y4$、$x5$、$y5$、$x6$、$y6$ 绘制另外5段推杆轮子中心轨迹（z 分量都为0）。

⑤ 单击"曲线"工具栏中的 图标，弹出如图1-263所示的"偏置曲线"对话框，偏执距离 Rr，在绘图区中分别选择6段曲线使其向中间偏移，最终获得凸轮轮廓线。单击"曲线"工具栏中的 图标，弹出"基本曲线"对话框，单击 图标，以（0,0,0）为圆心，绘制直径为 d 的圆，结果如图1-264所示。

⑥ 单击"特征"工具栏中的 图标，弹出"拉伸"对话框，拉伸距离为thick，在绘图区中选择凸轮轮廓线和中心孔，单击"确定"按钮，隐藏辅助线，结果如图1-265所示。

图1-263　"偏置曲线"对话框

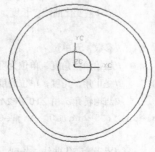

图1-264　凸轮的轮廓线

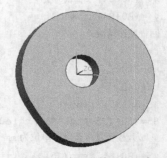

图1-265　盘形凸轮三维设计

三、练习与实训

根据如图 1-266 所示的图形尺寸，进行零件的三维建模。

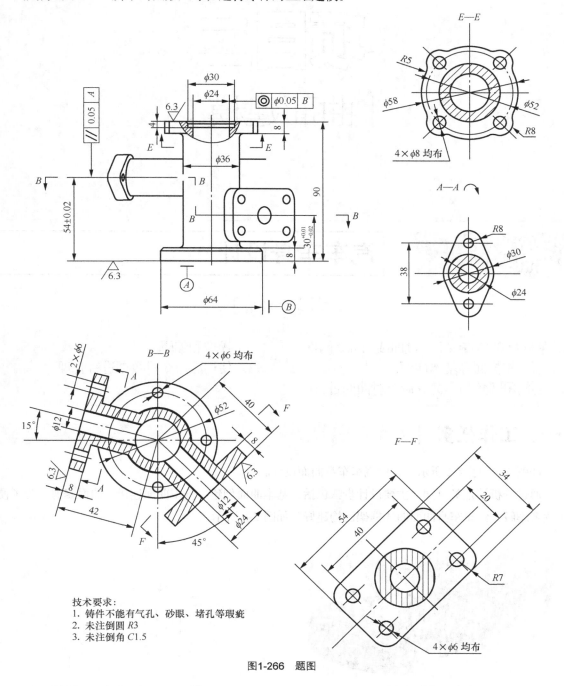

技术要求:
1. 铸件不能有气孔、砂眼、堵孔等瑕疵
2. 未注倒圆 *R*3
3. 未注倒角 *C*1.5

图1-266　题图

Project 2

项目二
| 曲面建模 |

任务一　汽车车身设计

【学习目标】

1. 能熟练创建直纹面、过曲线组面、网格面、扫掠面等基本曲面。
2. 会使用圆角和修剪等命令对曲面进行操作和编辑。
3. 使用层命令对数据进行管理。

一、工作任务

如图 2-1、图 2-2 所示，完成汽车车身曲面设计。

通过分析该任务可知，主要设计步骤包括：基本曲面创建、基本曲面连接、曲面修剪。为了便于读者理解，汽车车身曲面曲线框架已构建好，如图 2-2 所示。

图2-1　汽车车身曲面

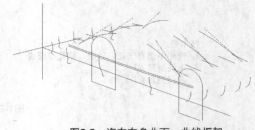

图2-2　汽车车身曲面、曲线框架

二、相关知识

1. 曲面建模概述

UG 曲面建模技术是体现 CAD/CAM 软件建模能力的重要标志，直接采用前面章节的方法就能够完成设计的产品是有限的，大多数实际产品的设计都离不开曲面建模。曲面建模用于构造用标准建模方法无法创建的复杂形状，它既能生成曲面（在 UG 中称为片体，即零厚度实体），也能生成实体。

曲面是指空间具有两个自由度的点构成的轨迹。同实体模型一样，曲面也是模型主体的重要组成部分，但又不同于实体特征。两者的区别在于曲面有大小但没有质量，且在特征的生成过程中，不影响模型的特征参数。曲面建模广泛应用于飞机、汽车、船舶和叶轮等造型设计过程，用户利用它可以方便地设计产品上的复杂曲面形状。

UG NX 8.5 曲面建模的方法繁多，它的功能强大，使用方便。全面掌握和正确合理使用是用好曲面建模模块的关键。曲面的基础是曲线，构造曲线要避免重叠、交叉和断点等缺陷。曲面建模的应用范围包括以下 4 个方面。

① 构造用标准方法无法创建的形状和特征。

② 修剪一个实体而获得一个特殊的特征形状。

③ 将封闭曲面缝合成一个实体。

④ 对线框模型蒙皮。

（1）常用概念。一般来讲，UG 曲面建模，首先通过曲线构造方法生成主要或大面积曲面，然后过渡和连接曲面，进行光顺处理，用编辑曲面等方法完成整体造型。在使用过程中经常会遇到以下一些常用概念。

① 行与列。行定义了曲面的 U 方向，列是大致垂直于曲面行方向的纵向曲线方向（V 方向）。

② 曲面的阶次。阶次是一个数学概念，是定义曲面的三次多项式方程的最高次数。建议用户尽可能采用三次曲面，阶层过高会使系统计算量过大，产生意外结果，在数据交换时容易使数据丢失。

③ 公差。一些自由形状曲面建立时采用近似方法，需要使用距离公差和角度公差。这两种公差分别反映近似曲面和理论曲面允许的距离误差和面法向角度的允许误差。

④ 截面线。截面线是指控制曲面 U 方向的方位和尺寸变化的曲线组，可以是多条或者是单条曲线。它不必光顺，而且每条截面线内的曲线数量可以不同，一般不超过 150 条。

⑤ 引导线。引导线用于控制曲线 V 方向的方位和尺寸。它可以是样条曲线、实体边缘和面的边缘，可以是单条曲线，也可以是多条曲线。其最多可选择 3 条，并且需要 G1 连续。

（2）曲面建模的基本原则。曲面建模不同于实体建模，具有不是完全参数化的特征。在曲面建模时，需要注意以下几个基本原则。

① 创建曲面的边界曲线尽可能简单。在一般情况下，曲线阶次不大于 3。当需要曲率连续时，可以考虑使用 5 阶曲线。

② 用于创建曲面的边界曲线要保持光滑连续，避免产生尖角、交叉和重叠。另外在创建曲面时，

需要对利用的曲线进行曲率分析，曲率半径尽可能大，否则会造成加工困难和形状复杂。

③ 曲面要尽量简洁，面尽量做大。对不需要的部分要裁剪。曲面的张数要尽量少。

根据不同部件的形状特点，合理使用各种曲面特征创建方法。尽量采用实体修剪，再采用挖空方法创建薄壳零件。

④ 曲面特征之间的圆角过渡尽可能在实体上操作。

⑤ 曲面的曲率半径和内圆角半径不能太小，要略大于标准刀具的半径，否则容易造成加工困难。

（3）曲面建模的一般过程。一般来说，创建曲面都是从曲线开始的。可以通过点创建曲线来创建曲面，也可以通过抽取或使用视图区已有的特征边缘线创建曲面。其一般的创建过程如下。

① 创建曲线。可以用测量得到的云点创建曲线，也可以从光栅图像中勾勒出用户所需曲线。

② 根据创建的曲线，利用过曲线、直纹、过曲线网格、扫掠等选项，创建产品的主要曲面或者大面积的曲面。

③ 利用桥接面、二次截面、软倒圆、N边曲面选项，对前面创建的曲面进行过渡接连、编辑或者光顺处理，最终得到完整的产品模型。

2. 创建曲面

在 UG NX 8.5 中，可以通过多种方法创建曲面。可以利用点创建曲面，也可以利用曲线创建曲面，还可以利用曲面创建曲面。

由点创建曲面是指利用导入的点数据创建曲线、曲面的过程。可以通过"通过点"方式来创建曲面，也可以通过"从极点""从云点"等方式来完成曲面建模。由以上几种方式创建的曲面与点数据之间不存在关联性，是非参数化的。即当创建点编辑后，曲面不会产生关联性变化。另外，由于其创建的曲面光顺性比较差，一般在曲面建模中，此类方法很少使用，限于篇幅，此处不再详细介绍。此处仅介绍由曲线和曲面创建曲面的各种方法。

（1）创建直纹面。直纹面是指利用两条截面线串生成曲面或实体。截面线串可以由单个或多个对象组成，每个对象可以是曲线、实体边界或实体表面等几何体。

创建直纹面，单击"曲面"工具栏中的"直纹"按钮，打开"直纹"对话框，如图 2-3 所示。生成的直纹面如图 2-4、图 2-5 所示。

图2-3　"直纹"对话框

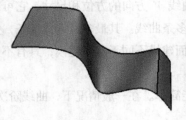

图2-4　生成直纹面1

图2-5　生成直纹面2

在"对齐"下拉列表框中提供了 2 种对齐方式，下面分别进行介绍。

参数：用于将截面线串要通过的点以相等的参数间隔隔开，目的是让每个曲线的整个长度完全被等分，此时创建的曲面在等分的间隔点处对齐。若整个截面线上包含直线，则用等弧长的方式间隔点。若包含曲线，则用等角度的方式间隔点。

根据点：用于对齐不同形状的截面线，特别是当截面线有尖角时，应该采用点对齐方式。例如，当出现三角形截面和长方形截面时，由于边数不同，需采用点对齐方式，否则可能导致后续操作错误。

（2）通过曲线组。该方法是指通过一系列轮廓曲线（大致在同一方向）建立曲面或实体。轮廓曲线又叫截面线串。截面线串可以是曲线、实体边界或实体表面等几何体。其生成特征与截面线串相关联，当截面线串编辑修改后，特征会自动更新。

"通过曲线组"方式与"直纹面"方法类似，区别在于"直纹面"只适用两条截面线串，并且两条截面线串之间总是相连的，而"通过曲线组"最多允许使用 150 条截面线串。

执行"插入"→"网格曲面"→"通过曲线组"命令（或者单击"曲面"工具栏中的"通过曲线组"按钮），打开"通过曲线组"对话框，如图 2-6 所示。

（3）通过曲线网格。该方法是指用主曲线和交叉曲线创建曲面。其中主曲线是一组同方向的截面线串，而交叉曲线是另一组大致垂直于主曲线的截面线。通常把第一组曲线线串称为主曲线，把第二组曲线线串称为交叉曲线。"通过曲线网格"对话框如图 2-7 所示，生成的曲面如图 2-8 所示。由于没有对齐选项，在生成曲面，主曲线上的尖角不会生成锐边。"通过曲线网格"曲面建模有以下几个特点。

① 生成曲面或体与主曲线和交叉曲线相关联。

② 生成曲面为双多次三项式，即曲面在行与列两个方向均为 3 次函数。

图2-6 "通过曲线组"对话框

图2-7 "通过曲线网格"对话框

图2-8 生成的曲面

③ 主曲线环状封闭，可重复选择第一条交叉线作为最后一条交叉线，可形成封闭实体。

④ 选择主曲线时，点可以作为第一条截面线和最后一条截面线的可选对象。

（4）扫掠。扫掠是使用轮廓曲线沿空间路径扫掠而成，其中扫掠路径称为引导线（最多3根），轮廓线称为截面线。引导线和截面线均可以由多段曲线组成，但引导线必须为一阶导数连续。

该方法是所有曲面建模中最复杂、最强大的一种，在工业设计中使用广泛。

创建扫掠曲面，执行"插入"→"扫掠"→"扫掠"命令（或者单击"曲面"工具栏中的"扫掠"按钮），打开"扫掠"对话框，如图2-9所示，生成的曲面如图2-10所示。

图2-9　"扫掠"对话框

图2-10　生成的曲面

（5）剖切曲面。创建截面可以理解为在截面曲线上创建曲面，主要是利用与截面曲线相关的条件来控制一组连续截面曲线的形状，从而生成一个连续的曲面。其特点是垂直于脊线的每个横截面内均为精确的二次（三次或五次）曲线。该方法在飞机机身和汽车覆盖件建模中应用广泛。

执行"插入"→"网格曲面"→"截面"命令（或者单击"曲面"工具栏中的"剖切曲面"按钮），打开"剖切曲面"对话框，如图2-11所示。生成的曲面如图2-12所示。

图2-11　"剖切曲面"对话框

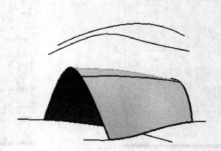
图2-12　生成的曲面

　　UG　NX6 提供了 20 种截面曲面类型，其中 Rho 是投射判别式，是控制截面线"丰满度"的一个比例值。"顶点线串"完全定义截面型体所需数据。其他线串控制曲面的起始和终止边缘以及曲面形状。

　　下面介绍常用的几种截面曲面类型，其余类型可参考其学习。

　　（1）N 边曲面。N 边曲面用于创建一组由端点相连曲线封闭的曲面，并指定其与外部面的连续性。

　　创建 N 边曲面，执行"插入"→"网格曲面"→"N 边曲面"命令（或者单击"曲面"工具栏中的"N 边曲面"按钮），打开"N 边曲面"对话框，如图 2-13 所示，生成的曲面如图 2-14 所示。

图2-13　"N边曲面"对话框

图2-14　多个三角补片曲面

　　（2）桥接曲面。桥接曲面用于在两个曲面间建立过渡曲面。过渡曲面与两个曲面之间的连接可以采用相切连续或曲率连续两种方式。桥接曲面简单方便，曲面光滑过渡，边界约束自由，为曲面过渡的常用方式。

　　创建桥接曲面，单击"曲面"工具栏中的"桥接"按钮，打开"桥接"对话框。

　　该对话框中常用选项的功能如下。

　　主面：用于选择两个主面。单击该按钮，指定两个需要连接的表面。在指定表面后，系统将显示表示向量方向的箭头。指定片体上不同的边缘和拐角，箭头显示会不断更新，此箭头的方向表示片体生产的方向。

　　侧面：用于指定侧面。单击该按钮，指定一个或两个侧面，作为生产片体时的引导侧面，系统依据引导侧面的限制而生成片体的外形。

　　第一侧面线串：单击该按钮，指定曲线或边缘，作为生产片体时的引导线，以决定连接片体的外形。

　　第二侧面线串：单击该按钮，指定另一条曲线或边缘，与上一个按钮配合，作为生产片体的引导线，以决定连接片体的外形。

　　相切：选择该选项，沿原来表面的切线方向和另一个表面连接。

　　曲率：选择该选项，沿原来表面圆弧曲率半径与另一个表面连接，同时保证相切的特征。

　　（3）规律延伸。规律延伸曲面是指在已有片体或表面上曲线或原始曲面的边，生成基于长度和

角度可按指函数规律变化的延伸曲面。其主要用于扩大曲面，通常采用近似方法建立。

创建规律延伸曲面，执行"插入"→"弯边曲面"→"规律延伸"命令（或者单击"曲面"工具栏中的"规律延伸"按钮，打开"规律延伸"对话框，如图 2-15 所示。生成的曲面如图 2-16 所示。

图2-15　"规律延伸"对话框

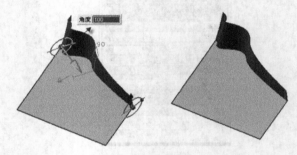

图2-16　生成的曲面

（4）偏置曲面。偏置曲面用于创建原有曲面的偏置平面，即沿指定平面的法向偏置点来生成用户所需的曲面。其主要用于从一个或多个已有的面生成曲面，已有面称为基面，指定的距离称为偏置距离。

创建偏置曲面，执行"插入"→"偏置\缩放"→"偏置曲面"命令（或者单击"曲面"工具栏中的"偏置平面"按钮），打开"偏置平面"对话框，如图 2-17 所示。

偏置曲面操作比较简单，选取基面后，设置偏置距离，单击"确定"按钮完成偏置曲面操作。用"偏置曲面"方法创建的曲面如图 2-18 所示。

图2-17　"偏置曲面"对话框

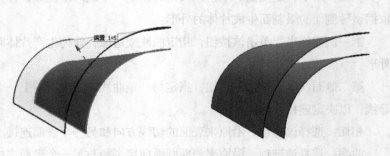

图2-18　用"偏置曲面"方法创建的曲面

（5）艺术曲面。该方式是指用任意数量的截面和引导线来创建曲面。其与通过曲线网格创建曲面类型相似，也是通过一条引导线来创建曲面。利用该选项可以改变曲面的复杂程度，而不必重新创建曲面，如图2-19所示。

创建艺术曲面，执行"插入"→"网格曲面"→"艺术曲面"命令（或者单击"自由曲面形状"工具栏中的"艺术曲面"按钮），打开"艺术曲面"对话框，如图2-20所示。

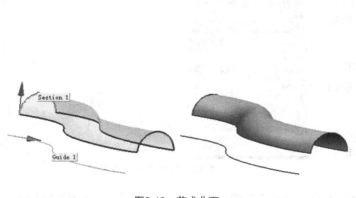

图2-19　艺术曲面

图2-20　"艺术曲面"对话框

3. 编辑曲面

对于创建的曲面，往往需要通过一些编辑操作才能满足设计要求。曲面编辑操作作为一种高效的曲面修改方式，在整个建模过程起着非常重要的作用。可以利用编辑功能重新定义曲面特征的参数，也可以通过变形和再生工具对曲面直接进行编辑操作。

曲面的创建方法不同，其编辑的方法也不同，下面介绍几种常用的曲面编辑方法。

（1）X成形。该方法是指通过一系列的变换类型以及高级变换方式编辑曲面的点，从而改变原曲面。单击"曲面形状"工具栏中的"X成形"按钮，打开"X成形"对话框，如图2-21所示。

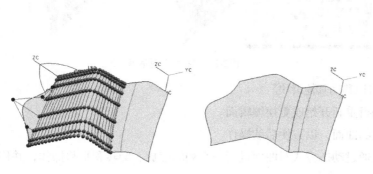

图2-21　"X成形"对话框

（2）等参数裁剪/分割。该方法是指按照一定的百分比在曲面的 U 方向和 V 方向进行等参数的修剪和分割。单击"编辑曲面"工具栏中的"等参数修剪/分割"按钮，打开"修剪/分割"对话框，如图 2-22 所示。

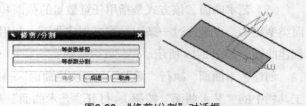

图2-22　"修剪/分割"对话框

（3）剪断曲面。剪断曲面是以指定点为参照，分割或剪断曲面中不需要的部分。"剪断曲面"不同于"修剪曲面"，因为剪断操作实际修改了输入曲面几何体，而修剪操作保留曲面不变。

创建剪断曲面，单击"自由曲面形状"工具栏中的"剪断曲面"按钮，打开"剪断曲面"对话框，如图 2-23 所示。

（4）扩大曲面。该选项用于在选取的被修剪表面或原始的表面基础上生成一个扩大或缩小的曲面。

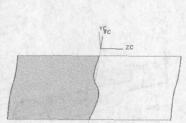

图2-23　"剪断曲面"对话框

扩大曲面，单击"编辑曲面"工具栏中的"扩大曲面"按钮，打开"扩大"对话框，如图 2-24 所示。

该对话框中部分参数说明如下。

线性：是指曲面上的延伸部分是沿直线延伸而成的直纹面。该选项只能扩大曲面，不可以缩小曲面。

自然：是指曲面上的延伸部分是按照曲面本身的函数规律延伸的。该选项既可以扩大曲面，又可以缩小曲面。

全部：用于同时改变 U 向和 V 向的最大值和最小值。只要移动其中一个滑块，便可以移动其他滑块。

图2-24　"扩大"对话框

重置和重新选择面：用于进行重新开始或更换编辑面。

编辑副本：用于复制编辑后的曲面，以方便后续操作。

（5）变换曲面。该选项是指通过动态方式对曲面进行一系列的缩放、旋转和平移操作，并移除特征的相关参数。

创建变换曲面，单击"自由曲面形状"工具栏中的"变换片体"按钮，打开"变换曲面"对话框，如图 2-25 所示。

图2-25　"变换曲面"对话框

三、任务实施

1. 基本曲面创建

UG NX 8.5 曲面建模的方法繁多，功能强大，使用方便。全面掌握和正确合理使用是用好曲面建模模块的关键。曲面的基础是曲线，构造曲线要避免重叠、交叉和断点。

（1）构建汽车前围曲面。执行"插入"→"网格曲面"→"通过曲线组"命令（或者单击"曲面"工具栏中的"通过曲线组"按钮），打开"通过曲线组"对话框，如图 2-26 所示，创建图 2-27 所示的汽车前围曲面。

图2-26　"通过曲线组"对话框

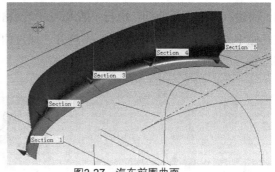

图2-27　汽车前围曲面

（2）构建汽车车前顶曲面。执行"插入"→"网格曲面"→"通过曲线组"命令（或者单击"曲面"工具栏中的"通过曲线组"按钮），打开"通过曲线组"对话框，创建图 2-28 所示的汽车车前顶曲面。

主曲线串的方向和交叉线串方向都要一致。

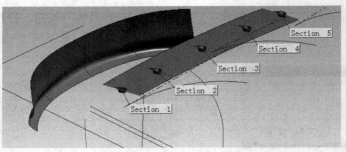

图2-28　汽车车前顶曲面

为了便于后续创建曲面，先将上述已经创建好的两个曲面隐藏，执行"隐藏"命令（或按 Ctrl+B 组合键），打开"类选择"对话框，如图 2-29 所示。

图2-29　"类选择"对话框

（3）构建汽车车顶前曲面。执行"插入"→"网格曲面"→"通过曲线组"命令（或者单击"曲面"工具栏中的"通过曲线组"按钮），打开"通过曲线组"对话框，创建图 2-30 所示的汽车车顶前曲面。

（4）构建汽车车顶后曲面。执行"插入"→"网格曲面"→"通过曲线组"命令（或者单击"曲面"工具栏中的"通过曲线组"按钮），打开"通过曲线组"对话框，创建图 2-31 所示的汽车车顶后曲面。

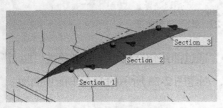

图2-30　汽车车顶前曲面

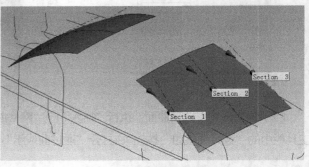

图2-31　汽车车顶后曲面

以此类推，分别构建汽车车后顶曲面、汽车后围曲面、汽车侧围曲面，如图 2-32 ~ 图 2-34 所示。

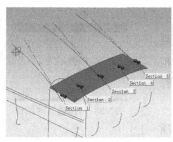 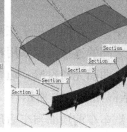 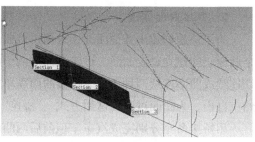

图2-32　汽车车后顶曲面　　　图2-33　汽车后围曲面　　　　图2-34　汽车侧围曲面

（5）构建汽车过渡曲面。执行"插入"→"网格曲面"→"直纹面"命令（或者单击"曲面"工具栏中的"直纹面"按钮），打开图2-35所示的"直纹"对话框，创建图2-36所示的汽车过渡曲面。

图2-35　"直纹"对话框

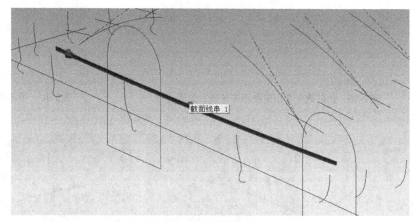

图2-36　汽车过渡曲面

直纹面是通过两条截面线串创建的曲面。

经过以上步骤创建完成的汽车部分曲面效果如图2-37所示。

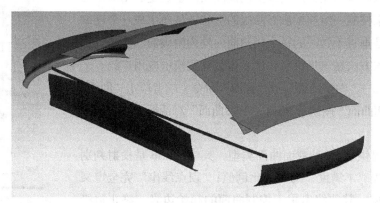

图2-37　汽车部分曲面效果图

2. 基本曲面连接

为了快速创建出其他曲面，采用桥接曲面命令。桥接曲面用于在两个曲面之间建立过渡曲面。过渡曲面与两个曲面之间的连接可以采用相切连续或曲率连续两种方式。桥接曲面简单方便，曲面光滑过渡，边界约束自由，为曲面过渡的常用方式。"桥接"对话框如图 2-38 所示。

图2-38　"桥接"对话框

用桥接命令分别完成汽车车顶前后两曲面、汽车车前顶面与车后顶面、汽车前围曲面与侧围曲面、汽车后围曲面与侧围曲面的连接，如图 2-39～图 2-42 所示。

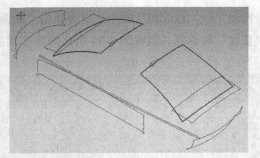
图2-39　桥接汽车车顶前曲面与车顶后曲面

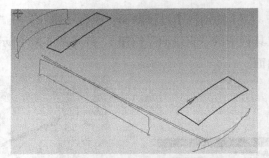
图2-40　桥接汽车车前顶面与车后顶面

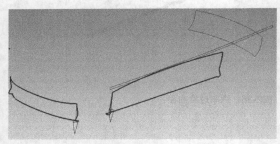
图2-41　桥接汽车前围曲面与侧围曲面

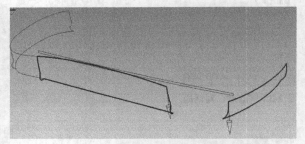
图2-42　桥接汽车后围曲面与侧围曲面

3. 剖切曲面

创建截面可以理解为在截面曲线上创建曲面。主要是利用与截面曲线相关的条件来控制一组连续截面曲线的形状，从而生成一个连续的曲面。其特点是垂直于脊线的每个横截面内均为精确的二次（三次或五次）曲线。该方法在飞机机身和汽车覆盖件建模中应用广泛。

执行"插入"→"网格曲面"→"截面"命令（或者单击"曲面"工具栏中的"剖切曲面"按钮），打开"剖切曲面"对话框，如图 2-43 所示。

UG NX 8.5 提供了 20 种截面曲面类型，其中，Rho 是投射判别式，是控制截面线"丰满度"的一个比例值；"顶点线串"完全定义截面型体所需数据；其他线串用于控制曲面的起始边缘、终止边缘

图2-43　"剖切曲面"对话框

和曲面形状。

四、练习与实训

1. 完成勺子的曲面建模，如图 2-44 所示。
2. 完成吹风机的曲面建模，如图 2-45 所示。

图2-44 勺子题1图

图2-45 吹风机题2图

 水嘴手柄设计

【学习目标】

1. 能熟练创建直纹面、曲线组面、网格面、扫掠面等基本曲面。
2. 会使用圆角和修剪等命令对曲面进行操作和编辑。
3. 会使用层命令对数据进行管理。
4. 熟练使用桥接曲线命令。
5. 熟练使用 N 边曲面工具。

一、工作任务

如图 2-46 所示，完成水嘴手柄曲面设计。

此例的设计思路与通常的曲面设计思路相同，都是先绘制产品的外形控制曲线，再通过曲线得到模型的整体曲面特征。

图2-46 水嘴手柄

二、任务实施

1. 基本曲线创建

（1）创建草图曲线 1。选择 XC-YC 平面作为草图平面，创建如图 2-47 所示的草图曲线 1。

（2）创建草图曲线 2。

① 创建基准平面 1。单击"特征操作"工具条中的"基准平面"命令。选择"固定平面"类型中的 YC-ZC 基准平面为参考平面，在偏置文本框中输入 80，单击"确定"按钮，完成基准平面 1 的创建，如图 2-48 所示。

② 创建草图曲线 2。选择基准平面 1 作为草图平面，创建如图 2-49 所示的草图曲线 2。

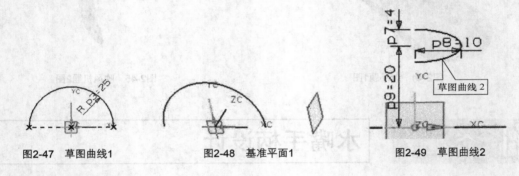

图2-47　草图曲线1　　　　　图2-48　基准平面1　　　　　图2-49　草图曲线2

（3）创建草图曲线 3。

① 选择 XC-ZC 平面作为草图平面，创建如图 2-50 所示的草图曲线 3。

② 编辑草图曲线 3。选择图 2-51 所示的 2 条曲线（此 2 条曲线为艺术样条曲线），执行"分析"→"曲线"→"曲率梳"命令，在图形区显示草绘曲线的曲率梳。

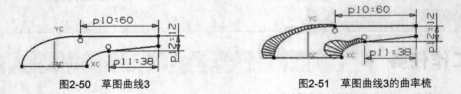

图2-50　草图曲线3　　　　　　　　图2-51　草图曲线3的曲率梳

③ 拖动草绘曲线控制点，使曲率梳呈现图 2-51 所示的光滑形状。

④ 执行"分析"→"曲线"→"曲率梳"命令，可设置曲率梳的比例、密度等值。

⑤ 执行"分析"→"曲线"→"曲率梳"命令，取消曲率梳的显示。

2. 创建直线和基准平面

（1）创建直线。

① 执行"插入"→"曲线"→"直线"命令，在"捕捉点"工具条中单击 ✓（终点）图标。

② 选择图 2-52（b）所示的点 1（直线的端点）为起点，点 2（直线的端点）为终点，可设置曲率梳的比例、密度等值。

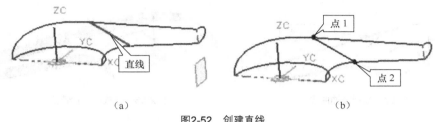

图2-52 创建直线

（2）创建基准平面2。

① 单击"特征操作"工具条的"基准平面"命令。单击（两直线）类型，选择如图 2-53 所示的两条直线，单击"确定"按钮，完成基准平面3的创建。

② 单击"特征操作"工具条的"基准平面"命令。选择基准平面 3，然后选择图 2-53 所示的直线，单击"确定"按钮，完成基准平面2的创建，如图 2-54 所示。

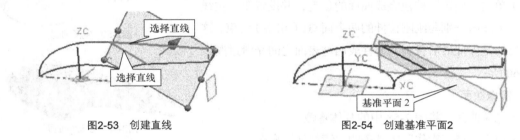

图2-53 创建直线   图2-54 创建基准平面2

3. 创建草图曲线4

（1）选择基准平面2作为草图平面，创建图 2-55 所示的草图曲线4。

（2）草图曲线 4 为半个椭圆，椭圆圆心在图 2-52（a）中直线的中点，长轴半径为 20，端点与直线的两个端点重合。草图曲线 4 在建模环境中如图 2-56 所示。

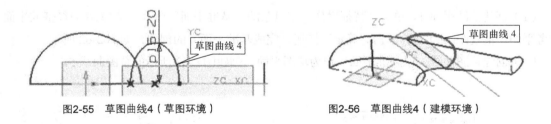

图2-55 草图曲线4（草图环境）   图2-56 草图曲线4（建模环境）

4. 创建拉伸特征1

单击"拉伸"按钮，选择图 2-57 所示的直线拉伸，设置"开始"值为 0，"结束"值为 10，单击"确定"按钮，完成拉伸特征的创建，如图 2-58 所示。

图2-57 选择拉伸曲线

图2-58 完成的拉伸特征

5. 创建曲面

（1）执行"插入"→"网格曲面"→"通过曲线网格"命令（或单击"曲面"工具条的"通过曲线网格"命令）。

（2）选取图 2-59 所示的主线串线、交叉线串，第 1 主线串的相切（G1）约束面 1，第 2 主线串的相切（G1）约束面 2，分别单击中键确认。

图2-59 选取曲线

（3）单击"确定"按钮完成曲面的创建，并设置第一主线串和第二主线串分别与刚刚拉伸的两个面 G1（相切）约束，这样做的目的是保证最后得到的零件表面与表面之间光滑过渡，如图 2-60 所示。

6. 镜像曲面

（1）隐藏曲面。将图 2-58 中的片体隐藏。

（2）单击"特征操作"工具条的"镜像体"命令。

（3）定义镜像体。选择图 2-60 所示的曲面为镜像体。

（4）定义镜像平面。选择 XC-ZC 基准平面为镜像平面。

图2-60 创建的曲面

（5）单击"确定"按钮，完成镜像曲面的创建，如图 2-61 所示。

7. 创建分割面

（1）创建基准平面 4。单击"特征操作"工具条的"基准平面"命令。选择 XC-YC 基准平面为参考平面，偏置距离为 25，单击"确定"按钮，完成基准平面 4 的创建，如图 2-62 所示。

（2）创建草图曲线。以基准平面 4 作为草图平面，创建图 2-63 所示的草图曲线 5。

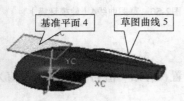

图2-62 基准平面4

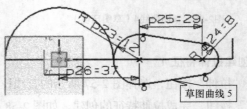

图2-63 草图曲线5

（3）创建投影曲线。

① 执行"曲线"→"投影"命令。

② 定义要投影的曲线。选择草图曲线 5 为要投影的曲线。

③ 定义投影对象。选择曲面为投影对象。

④ 定义投影方向。在"方向方式"中选择"矢量"，在指定矢量中选择－ZC 方向。

⑤ 单击"确定"按钮完成曲线的投影。

（4）创建分割面 1。

① 单击"特征操作"工具条的"分割面"命令。

② 定义分割面。选择图 2-64 所示的面为分割面。

③ 定义分割对象。选择图 2-65 所示的曲线为分割对象。

④ 定义投影方向。在投影方向栏选择"沿矢量"，在指定矢量中选择 YC 方向。

⑤ 单击"确定"按钮，完成面 1 的分割。

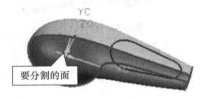

图2-64　定义分割面

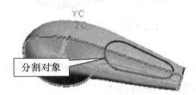

图2-65　定义分割对象

（5）创建分割面 2。

① 单击"特征操作"工具条的"分割面"命令。

② 定义分割面。选择图 2-66 所示的面为分割面。

③ 定义分割对象。选择图 2-67 所示的曲线为分割对象。

④ 定义投影方向。在投影方向栏选择"沿矢量"，在指定矢量中选择－YC 方向。

⑤ 单击"确定"按钮，完成面 2 的分割。

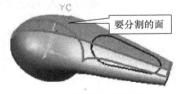

图2-66　定义分割面

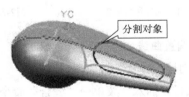

图2-67　定义分割对象

8．偏置面

（1）单击"曲面"工具条的"偏置面"命令。

（2）定义偏置面。选择图 2-68 所示的面为偏置面，
注意方向向下。

（3）定义偏置距离。偏置距离为 1。

（4）单击"确定"按钮，完成分割面 1、2 的偏置。

图2-68　选择偏置面

9. 创建修剪特征

（1）创建修剪特征 1。

① 单击"曲面"工具条的"修剪的片体"命令。

② 定义目标体和边界对象。选择图 2-69 所示的面为目标面 1，选择图 2-70 所示的边为边界对象 1。

图2-69　选择目标面1

图2-70　选择边界对象1

③ 单击"确定"按钮，完成修剪特征 1 的创建。

（2）创建修剪特征 2。

① 单击"曲面"工具条的"修剪的片体"命令。

② 定义目标体和边界对象。选择图 2-71 所示的面为目标面 2，选择图 2-72 所示的边为边界对象 2。

③ 单击"确定"按钮，完成修剪特征 2 的创建，如图 2-73 所示。

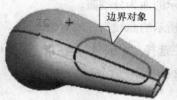
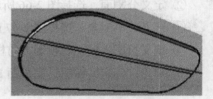

图2-71　选择目标面2　　　　图2-72　选择边界对象2　　　　图2-73　面分割的结果

10. 偏置曲线

（1）创建"缝合"特征。

① 执行"插入"菜单→"缝合"命令。

② 选择偏置面 1 为目标体，选择偏置面 2 为工具体，单击"确定"按钮即可。

③ 选择图 2-60 创建的曲面为目标体，选择图 2-61 中的镜像曲面为工具体，单击"确定"按钮
即可。

（2）偏置曲线。

① 单击"曲线"工具条的"在面上偏置曲线"命令。

② 选择图 2-74 所示的曲线为要偏置的曲线，偏置值为 3。

③ 单击"确定"按钮，完成偏置曲线特征 1 的创建，如图 2-75 所示。

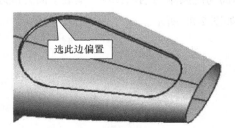

选此边偏置

图2-74　选择要偏置的曲线

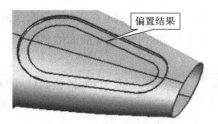

偏置结果

图2-75　偏置结果

11. 创建网格曲面

（1）创建修剪特征。修剪方法同上，结果如图 2-76 所示。

（2）创建曲面特征。创建曲面特征 1。单击"曲面"工具条的"通过曲线组"命令，分别选择图 2-77 所示的边线 1、边线 2 为剖面线串，单击中键确认，取消选中"垂直于终止剖面"复选框，在"起始"栏选择"G1（相切）"，选择曲面 1 为约束面 1，在"结束"栏选择"G1（相切）"，选择曲面 2 为约束面 3，创建出曲面特征 1，如图 2-77 所示。

图2-76　修剪结果

12. 创建把手尾部曲面特征

（1）创建桥接曲线。利用前面所画的曲线创建"桥接曲线"，并设置"开始"和"结束"幅值均为 1.5，如图 2-78 所示。

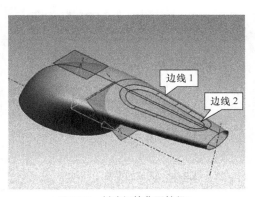

边线 1

边线 2

图2-77　创建好的曲面特征1

图2-78　桥接曲线设置

（2）创建曲面特征 4。单击"曲面"工具条的"通过曲线组"命令，分别选择图 2-77 所示的边线 1、边线 2 为剖面线串，单击中键确认，取消选中"垂直于终止剖面"复选框，在"起始"栏选择"G1（相切）"，选择曲面 1 为约束面 1，在"结束"栏选择"G1（相切）"，选择曲面 2 为约束面 3，创建出曲面特征 2，如图 2-79 所示。

（3）镜像曲面。

① 隐藏曲面。将图 2-58 中的片体隐藏。执行"特征操作"→实例特征→"镜像体"命令。

② 定义镜像体和镜像平面。选择上一步创建的曲面为镜像体。选择 *XC-ZC* 基准平面为镜像平面。

③ 单击"确定"按钮，完成镜像曲面的创建，如图 2-80 所示。

④ 重复上面的步骤完成曲面的创建。

图2-79　通过曲线组创建的曲面2

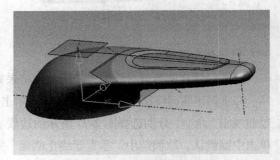

图2-80　完成的镜像曲面

13. 创建口部曲面

通过"N 边曲面"工具完成口部曲面的创建，如图 2-81 所示。

14. 隐藏曲面，完成零件的创建

缝合所有的曲面，并隐藏曲线与基准等，如图 2-82 所示。

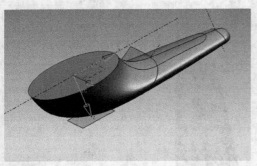

图2-81　通过"N边曲面"工具完成的口部曲面

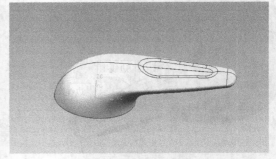

图2-82　完成的零件

▌三、练习与实训 ▌

1. 完成如图 2-83 所示的花瓶的曲面建模。
2. 完成如图 2-84 所示的瓶子的曲面建模。
3. 完成如图 2-85 所示的水嘴按钮的曲面建模。

图2-83 花瓶　　　　图2-84 瓶子　　　　图2-85 水嘴按钮

任务三　鼠标外壳设计

【学习目标】

1. 能熟练创建直纹面、过曲线组面、网格面、扫掠面等基本曲面。
2. 会使用圆角和修剪等命令对曲面进行操作和编辑。
3. 掌握修剪曲面、修剪曲线的方法。
4. 使用层命令对数据进行管理。

一、工作任务

完成鼠标外壳造型设计，如图 2-86 所示。

任务分析：从顶部往底部分析，可以认为鼠标由以下实体部分组成：滚轮部件及其支架、镶嵌条、左按键、右按键、后上盖、下盖和下壳。

理清鼠标的组成部分及其相互关系之后，首先完成鼠标外形轮廓的造型，按照"主体先行"的总体设计思路，在绘制鼠标主体截面的基础上，构建出鼠标主体的模型；再构建合理的各个分型面，用它们将模型主体分割成相应的各个实体部分；分别通过抽壳将各个实体部分变为薄壁件；最后设计行其他次要和细节部分。

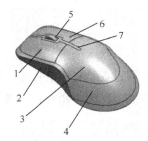

图2-86　鼠标外壳
1—左按键　2—下壳　3—后上盖　4—下盖
5—滚轮部件及其支架　6—右按键　7—镶嵌条

二、任务实施

1. 鼠标主体造型

（1）单击草绘工具条，选择 X-Y 平面作为草绘平面，绘制图 2-87 所示的草绘截面，单击"完成"

按钮。

（2）拉伸草绘曲线。选取刚刚创建的草绘曲线进行拉伸，设置拉伸高度为50mm。结果如图2-88
所示。

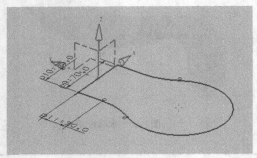

图2-87　绘制草图截面

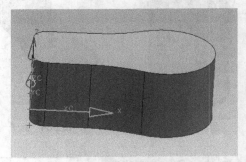

图2-88　拉伸特征

2. 鼠标外形轮廓设计

（1）单击圆弧工具条，选择 X-Z 平面作为平面，绘制如图 2-89 所示的圆弧（注：起点坐标为
（0,0,8），第二个点的坐标为（40,0,30），终点为圆弧象限点），单击"完成"按钮。

（2）绘制一条直线。起点为坐标原点，终点为（10,0,10），结果如图 2-90 所示。

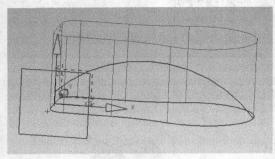

图2-89　圆弧

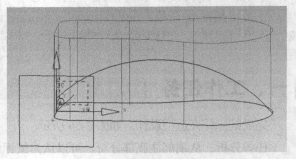

图2-90　绘制的直线

（3）通过点绘制样条曲线。起点为坐标刚刚创建的直线的终点，第 2 个点的坐标为（50,0,20），
第 3 个点的坐标为（90,0,0），第 4 个点选取圆弧的象限点，结果如图 2-91 所示。

　　　　　　样条曲线的两个端点需分别为负斜率。

（4）构建其他几条曲线。采用组合投影工具，生成空间曲线，结果如图 2-92 所示。注意在选取
曲线时，将上面步骤创建的两条曲线都作为曲线 1，投影方向设置如图 2-92 所示。最终效果如图 2-93
所示，在 U 方向生成 3 条曲线。

（5）构建曲线截面点。采用"点集"工具，分别在几条曲线上创建点集，结果如图 2-94 所示。

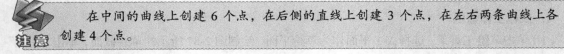

　　　　　　在中间的曲线上创建 6 个点，在后侧的直线上创建 3 个点，在左右两条曲线上各
创建 4 个点。

（6）绘制样条曲线。通过点创建图 2-95 所示的 4 条样条曲线。注意样条曲线的阶次为 2 阶。

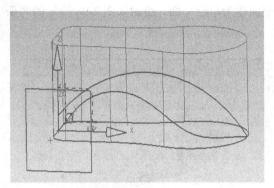

图2-91　样条曲线

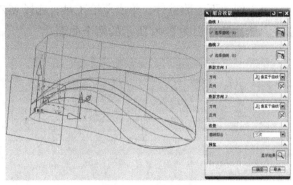

图2-92　组合投影

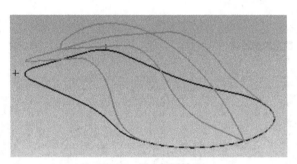

图2-93　组合投影结果

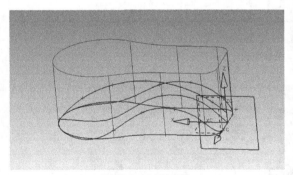

图2-94　创建的点集

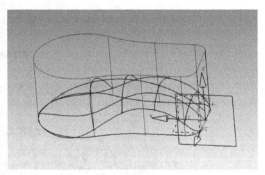

图2-95　样条曲线

（7）构建曲面。通过曲线网格工具将鼠标轮廓曲面构建出来，结果如图 2-96 所示。

　　　　为了使整个面显得光滑，最好一次性构建好轮廓曲面，但是在构建时往往一次性无法做出，所以要构建 N 个小面，然后缝合。

利用该曲面修剪第一步（1. 鼠标主体造型）创建的实体，结果如图 2-97 所示。

3. 鼠标上壳设计

鼠标上壳包括上盖和下盖，其中上盖由前上盖和后上盖组成，前上盖由左按键和右按键组成。

此部分的重点是创建合理的曲面，分割前面创建的鼠标的整个实心实体来构建上壳、下壳和上盖、下盖的各个实体部分。

（1）创建下盖薄壁件。单击草绘工具，选择 X-Z 平面作为草绘平面，绘制如图 2-98 所示的两条曲线。然后拉伸出图 2-99 所示的两个曲面。

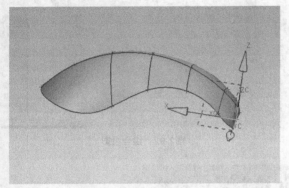

图2-96　鼠标轮廓曲面

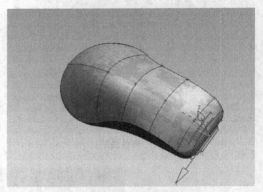

图2-97　修剪体

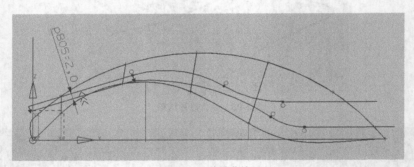

图2-98　草绘曲线

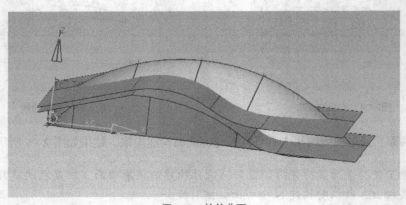

图2-99　拉伸曲面

（2）分割实体。单击拆分体工具，用如图 2-99 所示的两个曲面分割前面创建的鼠标轮廓，将整个实体分割为 3 份，结果如图 2-100 所示。

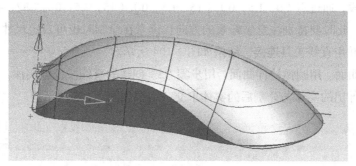

图2-100　拆分体

（3）创建上盖及下盖薄壁件。将其他两个实体隐藏，对上盖进行抽壳，壁厚为2mm，结果如图 2-101 和图 2-102 所示。

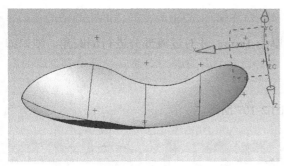

图2-101　上盖薄壁件

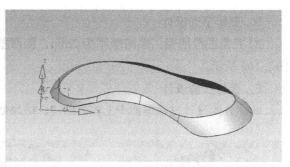

图2-102　下盖薄壁件

4. 鼠标后上盖设计

将上盖分割为后上盖和前上盖，其中前上盖是为了后面创建左右键实体做准备，具体思路与前面创建上壳、下壳和上盖、下盖实体一致，首先构建分割曲线。

（1）创建分割曲线。首先将坐标系做一定的旋转，然后用三点画圆弧。3 个点的坐标依次为（45，30，0）、（45，-30，0）、（40，0，0）。结果如图 2-103 所示。

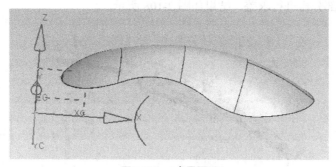

图2-103　3点画圆弧

（2）绘制直线段，通过点（0，1.5，0）、（15，1.5，0）、（15，4.5，0）、（32，4.5，0）、（32，1.5，0）、（52，1.5，0），此时要特别注意坐标系的方向。读者在绘制时也可自定尺寸，然后用变换工具对直线进行镜像，并用直线工具连接，结果如图 2-104 所示。

（3）创建分割曲面。用圆弧拉伸曲面，用步骤（2）创建的直线段拉伸实体。分别用曲面对实体进行拆分，并用拉伸出的实体与分割后的实体求交，结果如图 2-105 所示。

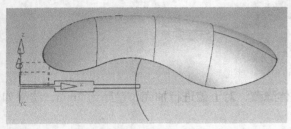
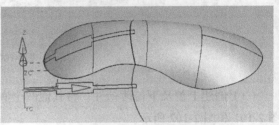

图2-104 绘制直线   图2-105 拆分、求交

5. 鼠标下壳设计

对下壳进行抽壳，底面壁厚为 2mm，侧面壁厚为 1mm，并对过渡部分进行倒圆角，结果如图 2-106 所示。

6. 鼠标按键设计

此部分的设计过程类似于上盖的创建。结果如图 2-107 所示。

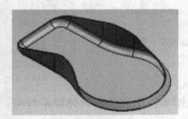

图2-106 下壳薄壁件   图2-107 鼠标按键

7. 鼠标镶嵌条及滚轮的设计

（1）绘制矩形，通过点（17，2.5，0）、（25，−2.5，0），圆角 $R1$，创建完成后进行拉伸，拉伸后与前面创建的交集部分再进行求差，结果如图 2-108 所示。

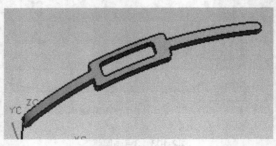

图2-108 拉伸求差

（2）构建圆柱，直径为 12mm，高为 4mm。创建直径为 1.5mm 的孔，并创建支撑轴，支撑轴直径为 1.5mm，高度为 25mm。结果如图 2-109 所示。

然后进行渲染，最终得到的鼠标造型如图 2-110 所示。

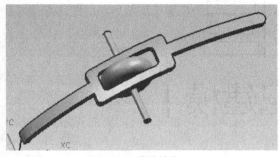

图2-109 滚轮结构

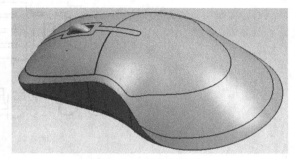

图2-110 鼠标最终造型

三、练习与实训

1. 完成图 2-111 所示的羊角锤的曲面建模。
2. 完成图 2-112 所示的手机外壳的曲面建模。
3. 完成图 2-113 所示的波浪形棘轮的曲面建模。

图2-111 羊角锤

图2-112 手机外壳

图2-113 波浪形棘轮

Project 3

项目三

| UG 装配建模 |

任务一 虎钳的装配

【学习目标】

1. 掌握自底向上装配的步骤。
2. 掌握组件间定位方式的选择和使用。
3. 掌握装配阵列的使用。
4. 掌握装配导航器的应用。

一、工作任务

完成图 3-1 所示的虎钳的各个零件自底向上装配的建模过程。

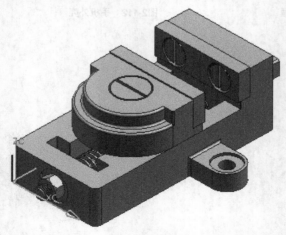

图3-1　虎钳

虎钳包括固定钳身、活动钳身、钳口板、螺杆、螺钉、螺母等零件，虎钳装配的思路为：装配固定钳身子装配→装配活动钳口子装配→装配螺杆和螺母。

二、相关知识

1. 装配概述

UG 装配过程是在装配中建立部件之间的链接关系。它是通过关联条件在部件间建立约束关系来确定部件在产品中的位置。在装配中，部件的几何体是被装配引用，而不是复制到装配中，不管如何编辑部件和在何处编辑部件。整个装配部件保持关联性，如果某部件修改，则引用它的装配部件自动更新，反映部件的最新变化。

UG 装配模块不仅能快速组合零部件成为产品，而且在装配中，可参照其他部件设计部件关联，并可对装配模型进行间隙分析、重量管理等操作。装配模型生成后，可建立爆炸视图，并可将其引入装配工程图中，同时，在装配工程图中可自动产生装配明细表，并能对轴测图进行局部挖切。

下面介绍一些装配术语与定义。

（1）装配部件。装配部件是由零件和子装配构成的部件。在 UG 中允许向任何一个 Part 文件添加部件构成装配，因此任何一个 Part 文件都可以作为装配部件。在 UG 中，零件和部件不必严格区分。需要注意的是，当存储一个装配时，各部件的实际几何数据并不是存储在装配部件文件中，而是存储在相应的部件（即零件文件）中。

（2）子装配。子装配是在高一级装配中被用作组件的装配，子装配也拥有自己的组件。子装配是一个相对的概念，任何一个装配部件都可在更高级装配中被用作子装配。

（3）组件对象。组件对象是一个从装配部件链接到部件主模型的指针实体。一个组件对象记录的信息有部件名称、层、颜色、线型、线宽、引用集和配对条件等。

（4）组件。组件是装配中由组件对象所指的部件文件。组件可以是单个部件（即零件），也可以是一个子装配。组件是由装配部件引用而不是复制到装配部件中。

（5）单个零件。单个零件是指在装配外存在的零件几何模型，它可以添加到一个装配中，但它本身不能含有下级组件。

（6）自顶向下装配。自顶向下装配是指在装配级中创建与其他部件相关的部件模型，是在装配部件的顶级向下产生子装配和部件（即零件）的装配方法。

（7）自底向上装配。自底向上装配是先创建部件几何模型，再组合成子装配，最后生成装配部件的装配方法。

（8）混合装配。混合装配是将自顶向下装配和自底向上装配结合在一起的装配方法。例如，先创建几个主要的部件模型，再将其装配在一起，然后在装配中设计其他部件，即为混合装配。在实际设计中，可根据需要在 2 种模式下切换。

（9）主模型。主模型是供 UG 模块共同引用的部件模型。同一主模型，可同时被工程图、装配、加工、机构分析和有限元分析等模块引用，当主模型修改时，相关应用自动更新。如图 3-2 所示，

当主模型修改时，有限元分析、工程图、装配和加工等应用都根据部件主模型的改变自动更新。

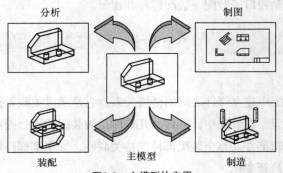

图3-2　主模型的应用

2. 自底向上装配

在 UG 的装配模块完成自底向上的装配过程可分为以下几步。

（1）新建装配部件文件。UG 的单个文件与装配文件均以 part 为后缀，为区分零件文件与装配文件，在装配文件命名上一般以 xxx_asm 为文件名，以示区分。

（2）在新建装配部件中添加已存零（部）件。添加已存在的组件到装配体中是自底向上装配方法中的重要步骤，是通过逐个添加已存在的组件到工作组件中作为装配组件来构成整个装配体。此时，若组件文件发生了变化，所有引用该组件的装配体在打开时将自动更新相应的组件文件。

"添加组件"对话框（见图 3-3）中包含以下参数选项。

① "已加载的部件"列表框。在该列表框中显示已弹出的部件文件，若要添加的部件文件已存在于该列表中，可以直接选择该部件文件。

② "打开"按钮。单击该按钮，弹出图 3-4 所示的"部件名"对话框，在该对话框中选择要添加的部件文件（*.prt）。

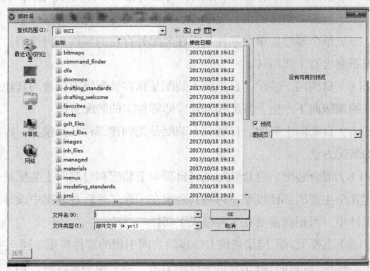

图3-3　"添加组件"对话框　　　　　　　　图3-4　"部件名"对话框

③ 定位。用于指定组件在装配中的定位方式。其下拉列表中提供了"绝对原点""选择原点"、"配对"和"移动"等 7 种定位方式。其详细概念将在后面介绍。

④ 引用集。用于改变引用集。默认引用集是 MODEL，表示只包含整个实体的引用集。用户可以通过其下拉列表选择所需的引用集。

⑤ 图层选项。用于设置将添加组件加到装配组件中的哪一层，其下拉列表中包括"工作""原先的"和"如定义的"3 个选项。

（3）为载入的零（部）件定位。两个零件往往需要多个约束条件才能完成。在多个配对条件的选择过程中，始终先选同一个零（部）件，该件即为动件，而后选择的为静件。

（4）验证定位是否恰当。

3. 引用集

由于在零件设计中，包含了大量的草图、基准平面及其他辅助图形数据，如果显示装配中各组件和子装配的所有数据，一方面容易混淆图形，另一方面由于要加载组件的所有数据，需要占用大量内存，因此不利于装配工作的进行。于是，在 UG 的装配中，为了优化大模型的装配，引入了引用集的概念。通过引用集的操作，用户可以在需要的几何信息之间自由操作，同时避免了加载不需要的几何信息，极大地优化了装配的过程。

（1）引用集的概念。引用集是用户在零组件中定义的部分几何对象，它代表相应的零组件进行装配。引用集可以包含下列数据：实体、组件、片体、曲线、草图、原点、方向、坐标系、基准轴及基准平面等。引用集一旦产生，就可以单独装配到组件中。一个零组件可以有多个引用集。

（2）引用集的使用。UG NX 8.5 系统包含的默认引用集有以下几种。

● 模型：只包含整个实体的引用集。

● 整个部件：表示引用集是整个组件，即引用组件的全部几何数据。

● 空的：表示引用集是空的，即不含任何几何对象。当组件以空的引用集形式添加到装配中时，在装配中看不到该组件。

选择"格式"→"引用集"选项，弹出图 3-5 所示的"引用集"对话框。该对话框用于对引用集进行创建、删除、更名、编辑属性、查看信息等操作。

① 创建：用于创建引用集。组件和子装配都可以创建引用集。

图3-5 "引用集"对话框1　　图3-6 "引用集"对话框2

组件的引用集既可在组件中建立，也可在装配中建立。但组件要在装配中创建引用集，必须使其成为工作部件。单击该图标，出现图 3-6 所示的"引用集"对话框。其中，"引用集名称"文本框用于输入引用集的名称。

② 删除 ✕：用于删除组件或子装配中已创建的引用集。在"引用集"对话框中选中需要删除的引用集后，单击该图标删除所选的引用集。

③ 编辑属性 ：用于编辑所选引用集的属性。单击该图标，弹出图 3-7 所示的"引用集属性"对话框。该对话框用于输入属性的名称和属性值。

④ 信息 ：单击该图标，弹出"信息"对话框，该对话框用于输出当前零组件中已存在的引用集的相关信息。

⑤ 设为当前的 ：用于将所选引用集设置为当前引用集。

正确建立引用集后，保存文件，以后在该零件加入装配时，在"引用集"选项中就会有用户自己设定的引用集了。加入零件以后，还可以通过装配导航器在定义的不同引用集之间切换。

图3-7　"引用集属性"对话框

4. 组件定位

在装配过程中，用户除了添加组件，还需要确定组件间的关系，这就要求对组件进行定位。UG NX 8.5 提供了"绝对原点""选择原点""通过约束"和"移动"4 种定位方式。

（1）绝对原点。用于按绝对原点方式添加组件到装配。

（2）选择原点。用于按绝对定位方式添加组件到装配的操作，指明指定组件在装配中的目标位置。

（3）通过约束。用于按照配对条件确定组件在装配中的位置。在菜单栏选择"装配"→"组件"→"装配约束"选项，或单击"装配"工具条中的 图标，弹出图 3-8 所示的"装配约束"对话框。该对话框用于通过配对约束确定组件在装配中的相对位置。

① 类型。"类型"下拉列表如图 3-9 所示。

a. 角度 ：用于在两个对象之间定义角度尺寸，约束相配组件到正确的方位上。

角度约束可以在两个具有方向矢量的对象间产生，角度是两个方向矢量间的夹角。这种约束允许配对不

图3-8　"装配约束"对话框

图3-9　"类型"下拉列表

同类型的对象。

　　b. 中心 ⼗|⼀|⼀：用于约束两个对象的中心对齐。选中该图标时，"中心对象"选项被激活，其下拉列表中包括以下几个选项。

　　1 对 2：用于将相配对象中的一个对象定位到基础组件中的两个对象的对称中心上。

　　2 对 1：用于将相配组件中的两个对象定位到基础组件中的一个对象上，并与其对称。

　　2 对 2：用于将相配组件中的两个对象与基础组件中的两个对象形成对称布置。

　　　　　　相配组件是指需要添加约束进行定位的组件，基础组件是指位置固定的组件。

　　c. 胶合 ⎙：用于约束两个对象胶合在一起，不能相互运动。

　　d. 适合 ＝：用于约束两个对象保持适合的位置关系。

　　e. 接触对齐 ⁱ⁴|ᵇ：选中该图标时，"方位"选项被激活，其下拉列表中包括以下几个选项。

　　首选接触：系统采用自动判断模式根据用户的选择，自动判断是接触还是对齐。推荐初学者选用。

　　接触：用于定位两个贴合对象。当对象是平面时，它们共面且法线方向相反。

　　对齐：用于对齐相配对象。当对齐平面时，两个表面共面且法线方向相同。

　　自动判断中心/轴：系统自动判断所选对象的中心或轴。

　　f. 同心 ◎：用于约束两个对象同心。

　　g. 距离 ⁱ⁴|ᵇ：用于指定两个相配对象间的最小三维距离，距离可以是正值也可以是负值，正负号确定相配对象是在目标对象的哪一边。选择该选项时，"距离表达式"文本框被激活，该文本框用于输入要偏置的距离值。

　　h. 固定 ⊥：用于约束对象固定在某一位置。

　　i. 平行 ⫽：用于约束两个对象的方向矢量彼此平行。

　　j. 垂直 ᵇ|ᵇ：用于约束两个对象的方向矢量彼此垂直。

　　② 要约束的几何体。用于选择需要约束的几何体。

　　③ 设置。

　　a. 动态定位：用于设置是否显示动态定位。

　　b. 关联：用于设置所选对象是否建立关联。

　　c. 移动曲线和管线布置对象：用于设置是否可以通过移动曲线和管线布置对象。

　　d. 动态更新管线布置实体：用于设置是否动态更新管线布置实体。

　　④ 预览。用于预览配对效果。

　　a. 预览窗口：用于设置是否显示预览窗口。

　　b. Preview Component in Main Window：用于设置是否在主窗口中预览部件。

　　⑤ 移动组件。如果使用配对的方法不能满足用户的实际需要，还可以通过手动编辑的方式来进行定位。选择"装配"→"组件"→"移动组件"选项，或单击"装配"工具条中的 移动组件 图标，弹出图 3-10 所示的"移动组件"对话框。

　　移动组件的类型如图 3-11 所示。

图3-10　"移动组件"对话框　　　　　　　　　　　　图3-11　"类型"下拉列表

　　a. 动态 ![]：系统根据用户鼠标所选位置动态定位组件。

　　b. 通过约束 ![]：通过装配约束定位组件。

　　c. 点到点 ![]：用于采用点到点的方式移动组件。选择该选项，弹出"点"对话框，提示先后选择两个点，系统根据这两点构成的矢量和两点间的距离来沿着这个矢量方向移动组件。

　　d. 平移 ![]：用于平移所选组件。选择该选项，弹出"变换"对话框。该对话框用于沿 X、Y 坐标轴方向移动一个距离。如果输入的值为正，则沿坐标轴正向移动；反之，沿坐标轴负向移动。

　　e. 沿矢量 ![]：通过沿矢量方向来定位组件。

　　f. 绕轴旋转 ![]：用于绕轴线选择所选组件。选择该选项，弹出"点"对话框，用来定义一个点。然后弹出"矢量"对话框，要求定义一个矢量。系统会将 WCS 原点移动到定义的点，然后 WCS 的 X 轴会沿着定义的矢量方向，最后回到和"绕点旋转"类似的对话框，用来旋转组件。

　　g. 两轴之间 ![]：用于在选择的两轴之间旋转所选的组件。选择该选项，弹出"点"对话框，用于指定参考点，然后弹出"矢量"对话框，用于指定参考轴和目标轴的方向。在参考轴和目标轴定义后，回到和"绕点旋转"类似的对话框，用来旋转组件。

　　h. 重定位 ![]：用于采用移动坐标方式重新定位所选组件。选择该选项，弹出"CSYS 构造器"对话框，该对话框用于指定参考坐标系和目标坐标系。选择一种坐标定义方式定义参考坐标系和目标坐标系后，单击"确定"按钮，则组件从参考坐标系的相对位置移动到目标坐标系中的对应位置。

　　i. 使用点旋转 ![]：用于绕点旋转组件。

　　（4）移动。用于两个装配部件之间的移动，点到点捕捉就可以了。

三、任务实施

1. 固定钳身子装配

（1）创建一个新部件文件。执行"文件"→"新建"命令，选择"装配"类型，输入文件名，单击"确定"按钮，进入装配模式。

（2）添加固定钳身到装配模型。系统弹出"添加组件"对话框，利用该对话框可以加入已经存在的组件。在"添加组件"对话框中选择组件。由于该组件是第一个组件，因而在"定位"下拉列表中选择"绝对原点"选项，"引用集"和"层选项"保持系统默认选项，然后单击"确定"按钮，如图3-12所示。

（3）添加钳口板到装配模型。再次弹出"添加组件"对话框，在该对话框中选择要装配的零件。装配钳口板的方法如下。

① 选择钳口板后单击"确定"按钮，弹出"装配约束"对话框，在"定位"下拉列表中选择"接触对齐"方式，其他设置保持默认。

② 在"组件预览"窗口选择钳口板的面1和面2，使两个面贴和。选择结束后，系统状态栏会显示零件的剩余自由度数，单击"预览"按钮可查看装配结果。

③ 再次选择"同心"方式，在"组件预览"窗口选择钳口板的孔1和底座螺纹孔1，再单击"同心"按钮，在"组件预览"窗口选择钳口板的孔2和底座螺纹孔2，使两孔中间对准中心，如图3-13所示。

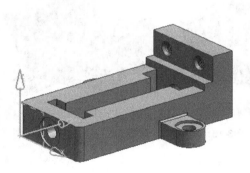

图3-12 添加底座

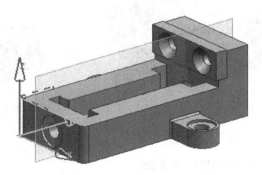

图3-13 装配钳口板

④ 单击"确定"按钮，确认被装配体，再单击"确定"按钮，确认装配体，完成钳口板到底座的定位操作，系统状态栏提示装配条件已完全约束，表明钳口板已经完全约束。

（4）添加螺钉。在"添加组件"对话框中选择要装配的零件，此处选择目录 part\3\1\luoding。装配螺钉的方法如下。

① 选择螺钉后单击"确定"按钮，弹出"装配约束"对话框，在"定位"下拉列表中选择"接触对齐"方式，其他设置保持默认。

② 在"组件预览"窗口选择螺钉的锥面，再选择钳口板平头孔的锥面1，使两锥面贴合。

③ 选择"中心"方式，在"组件预览"窗口选择螺钉螺纹部分的轴线，再选择钳口板螺孔 1 的轴线，使其同轴，连续单击 2 次"确定"按钮，即可将螺钉装入模型。装配螺钉配对示意图，如图 3-14 所示。

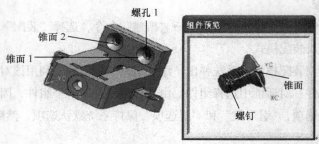

图3-14　装配螺钉配对示意图

④ 这里为了练习，采用"组件阵列"装配第二个螺钉。单击"特征操作"工具条的"基准轴"按钮 ，创建一个与 XC 轴同轴的基准轴。执行"装配"→"组件"→"创建阵列"命令或单击"装配"工具条的"创建组件阵列"按钮 ，选择螺钉为阵列对象，在弹出的"创建组件阵列"对话框内选择"线性"单选按钮，单击"确定"按钮，在弹出的"创建线性阵列"对话框中选择"基准轴"单选按钮，选择刚才创建的基准轴，在"创建线性阵列"对话框的"总数"文本框内输入 2，在"偏置"文本框中输入偏置量−40，单击"确定"按钮，即可完成第二个螺钉的装配操作，如图 3-15、图 3-16 所示。

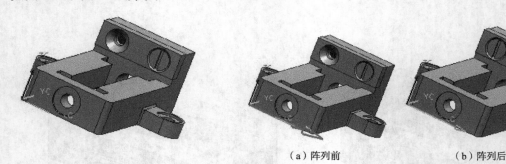

图3-15　装配第一个螺钉　　　　　　　　（a）阵列前　　　　（b）阵列后

图3-16　阵列第二个螺钉

2. 活动钳口子装配

（1）创建一个新部件文件。执行菜单"文件"→"新建"命令，选择"装配"类型，输入文件名 huodong-qiankou_subasm，单击"确定"按钮，进入装配模式。

（2）仿照"1. 固定钳身子装配"中（2）将"huodong-qiankou.prt"添加到子装配体中，仿照"1. 固定钳身子装配"中的（3）将钳口板添加到子装配体中，仿照"1. 固定钳身子装配"中的（4），将螺钉添加到装配模型中，保存，效果如图 3-17 所示。

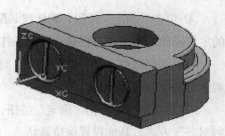

图3-17　活动钳口子装配体

3. 总体装配

（1）创建一个新部件文件。执行菜单"文件"→"新建"命令，选择"装配"类型，输入文件名 huqian_asm，单击"确定"按钮，进入装配模式。

（2）添加固定钳身子装配到装配模型。弹出"添加组件"对话框，利用该对话框可以加入已经存在的组件。在"添加组件"对话框中选择目录 part\3\1\gudingqianshen_asm.prt 组件。在"定位"下拉列表中选择"绝对原点"选项，"引用集"和"层选项"保持系统默认选项并单击"确定"按钮。

（3）添加活动钳口到装配模型。再次弹出"添加组件"对话框，在该对话框中选择要装配的零件，此处选择 huodongqiankou，装配钳口板的方法如下。

① 选择钳口板后单击"确定"按钮，弹出"装配约束"对话框，在"定位"下拉列表中选择"接触对齐"方式，其他设置保持默认。

② 选择"组件预览"窗口中活动钳口的面 1，再选择底座的面 1，使其在同一平面内；选择"组件预览"窗口中活动钳口的面 2，再选择底座的面 2，使其在同一平面内，且法线方向一致。

③ 单击"距离"按钮，选择"组件预览"窗口中活动钳口的面 3，再选择底座的面 3，如图 3-18所示，在"距离表达式"后面输入 30。连续单击 2 次"确定"按钮，完成活动钳口的装配，效果如图 3-19 所示。

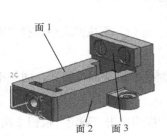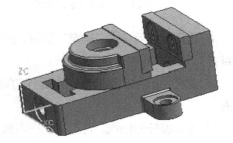

图3-18　活动钳口配对示意　　　　　　　　　　　图3-19　活动钳口装机效果

（4）添加方块螺母到装配模型。在"添加组件"对话框中选择要装配的零件，此处选择目录 part\3\1\fangkuailuomu.prt，装配方法如下。

① 选择方块螺母后单击"确定"按钮，弹出"装配约束"对话框，在"定位"下拉列表中选择"接触对齐"方式，其他设置保持默认。

② 选择方头螺母面，再选择装配体中活动钳口的底面，使其在同一平面内，单击"中心"按钮，选择方头螺母上圆柱的轴线，再选择活动钳口上孔的轴线。

③ 单击"中心"按钮，选择"2 至 2"，选择方头螺母的两侧面和底座内的两侧面配对，如图 3-20所示。连续单击 2 次"确定"按钮，完成方头螺母的装配，效果如图 3-21 所示。

（5）添加沉头螺钉到装配模型。仿照前面"1. 装配固定钳身子装配"中的（4）装配螺钉的方法，将 chentouluoding.prt 添加到装配模型上，效果如图 3-22 所示。

（6）添加螺杆到装配模型。在"添加组件"对话框中选择要装配的零件，此处选择 luogan.prt，装配方法如下。

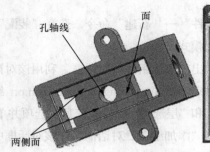
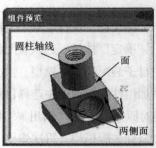

图3-20　方头螺母配对示意图

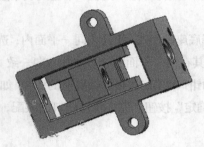

图3-21　方头螺母装配效果　　　　　　　图3-22　沉头螺钉装配效果

① 选择螺杆后单击"确定"按钮，弹出"装配约束"对话框，在"定位"下拉列表中选择"接触对齐"方式，其他设置保持默认。

② 选择"组件预览"窗口中螺杆的面，再选择装配体中底座右侧孔的沉头面，使其在同一平面内。

③ 选择螺杆的轴线，再选择底座右侧孔的轴线，如图 3-23 所示。连续单击"确定"按钮 2 次，完成螺杆的装配。效果如图 3-24 所示。

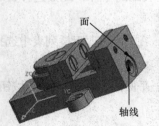
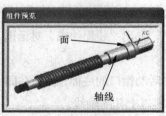

图3-23　螺杆配对示意图　　　　　　　　图3-24　螺杆装配效果

（7）添加螺母到装配模型。在"添加组件"对话框中选择要装配的零件，此处选择目录 part\3\1\luomu.prt，装配方法如下。

① 选择螺母后单击"确定"按钮，弹出"装配约束"对话框，在"定位"下拉列表中选择"接触对齐"方式，其他设置保持默认。

② 选择"组件预览"窗口中螺母的面，再选择装配体中底座左侧孔的沉头面，使其在同一平面内。

③ 单击"中心"按钮，选择螺母的轴线，再选择底座螺杆的轴线，如图 3-25 所示。连续单击 2 次"确定"按钮，完成螺杆的装配，效果如图 3-26 所示。

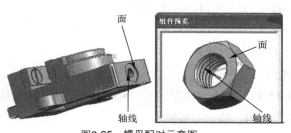

面

面

轴线

轴线

图3-25 螺母配对示意图

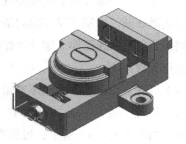

图3-26 螺母装配效果

任务二 卡丁车的装配

【学习目标】

1. 掌握自底向上装配的步骤。
2. 掌握组件间的定位方式的选择和使用。
3. 掌握装配阵列的使用。
4. 掌握装配导航器的应用。

一、工作任务

完成图 3-27 所示的卡丁车各个零件自底向上的装配建模过程。

图3-27 卡丁车装配与爆炸图

二、相关知识

1. 创建爆炸图

执行"装配"→"爆炸图"→"创建爆炸"目录，或单击"爆炸图"工具条中 的图标，弹

出"创建爆炸图"对话框。在该对话框中输入爆炸图的名称，或接受默认名称，单击"确定"按钮，创建爆炸图。

2. 爆炸组件

新创建了一个爆炸图后视图并没有发生什么变化，接下来必须使组件炸开。可以使用自动爆炸方式完成爆炸图，即基于组件配对条件沿表面的正交方向自动爆炸组件。

例如，创建减速器输入轴的爆炸图。

操作步骤如下。

（1）打开上面已建好的减速器输入轴装配图。

（2）执行"装配"→"爆炸图"→"创建爆炸"命令，或单击 图标，弹出"创建爆炸图"对话框，如图3-28（a）所示，接受默认名称，单击"确定"按钮。

（3）执行"装配"→"爆炸图"→"自动爆炸组件"命令，或单击 图标，弹出"类选择"对话框。

（4）选择要爆炸的装配体或组件，单击"确定"按钮，弹出图 3-28（b）所示的"爆炸距离"对话框，输入距离参数。

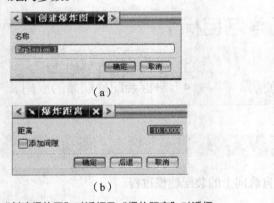

（a）

（b）

图3-28 "创建爆炸图"对话框及"爆炸距离"对话框

图3-29 减速器输入轴自动爆炸视图

"爆炸距离"对话框用于指定自动爆炸参数。其中，"距离"文本框用于设置自动爆炸组件之间的距离，距离值可正可负；"添加间隙"复选框用于控制自动爆炸的方式，选中该复选框，则指定的距离为组件相对于配对组件移动的相对距离，取消选中该复选框，则指定距离为绝对距离，即组件从当前位置移动指定的距离。

（5）单击"确定"按钮，创建自动爆炸视图，如图3-29所示。

自动爆炸只能爆炸具有配对条件的组件，没有配对条件的组件需要使用手动编辑的方式。

3. 编辑爆炸图

如果没有得到理想的爆炸效果，通常还需要编辑爆炸图。

操作步骤如下。

（1）打开已生成自动爆炸视图。

（2）执行"装配"→"爆炸图"→"编辑爆炸"命令，或单击"爆炸图"工具条中的 图标，弹出图 3-30 所示的"编辑爆炸图"对话框。在视图区中选择需要调整的组件，然后在对话框中选中"移动对象"单选按钮，在视图区中选择一个坐标方向，"距离""捕捉增量"和"方向"选项被激活，在"编辑爆炸图"对话框中输入所选组件的偏移距离和方向。

（3）单击"确定"或"应用"按钮，即可完成该组件位置的调整。图 3-31 为编辑调整后的减速器输入轴爆炸图。

图3-30 "编辑爆炸图"对话框

图3-31 编辑调整后的减速器输入轴爆炸图

（4）装配爆炸图的其他操作。装配爆炸图的操作除了上述的自动爆炸组件和编辑爆炸图外，还包括以下一些操作。

① 组件不爆炸。执行"装配"→"爆炸图"→"取消爆炸组件"命令，或单击"爆炸图"工具条中的 图标，弹出"类选择"对话框，在视图区中选择不进行爆炸的组件，单击"确定"按钮，使已爆炸的组件恢复到原来的位置。

② 删除爆炸图。执行"装配"→"爆炸图"→"删除爆炸图"命令，或单击"爆炸图"工具条中的 图标，弹出图 3-32 所示的"爆炸图"对话框，在该对话框中选择要删除的爆炸图名称，单击"确定"按钮，删除所选爆炸图。

③ 隐藏爆炸。执行"装配"→"爆炸图"→"隐藏爆炸"命令，将当前爆炸图隐藏起来，使视图区中的组件恢复到爆炸前的状态。

④ 显示爆炸。执行"装配"→"爆炸图"→"显示爆炸"命令，将已建立的爆炸图显示在视图区。

⑤ 隐藏视图中的组件。单击"爆炸图"工具条中的 图标，弹出"类选择"对话框，在视图区中选择要隐藏的组件，单击"确定"按钮，在视图区将选定的组件隐藏起来。

⑥ 显示视图中的组件。单击"爆炸图"工具条中的 图标，弹出图 3-33 所示的"隐藏视图中的组件"对话框。在该对话框中选择要显示的隐藏组件，单击"确定"按钮，在视图区显示所选的隐藏组件。

图3-32　"爆炸图"对话框

图3-33　"隐藏视图中的组件"对话框

三、任务实施

1.　建立装配文件

执行"文件"→"新建"命令，新建名称为 kadingche_asm.prt 的部件文档，执行"起始"→"建模"命令打开建模功能，再执行"起始"→"装配"命令，打开装配功能。

2.　建立动力箱子装配体

（1）建立一个新部件文件。执行"文件"→"新建"命令，新建名称为 donglixiang_subasm.prt 的部件文档，执行"起始"→"建模"命令打开建模功能。

（2）添加动力箱到装配模型。单击"添加现有的组件"按钮，在弹出的"选择部件"对话框中单击"选择部件文件"按钮，找到目录文件，单击"OK"按钮，弹出"添加现有部件"对话框，如图 3-34 所示，接受默认设置，单击"确定"按钮，将动力箱添加到装配文件中，如图 3-35 所示。

图3-34　"添加现有部件"对话框

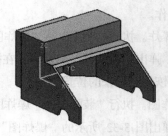

图3-35　添加动力箱

（3）添加轴到装配模型。继续单击"选择部件文件"按钮，找到目录文件，单击"OK"按钮，弹出"添加现有部件"对话框，选择"定位"为"通过约束"，单击"确定"按钮，弹出"装配约束"对话框，参照图 3-36 所示的位置，单击"中心"按钮▶‖◀，选择"组件预览"中传动轴一的"轴"，再选择动力箱上的"孔 1"，使其"同心"，单击"中心"按钮▶‖◀，"中心对象"选择"2 至 2"，选择"组件预览"中传动轴一的"端面 1"，接着选择动力箱上的"面 1"，再选择"组件预览"中传动轴一的"端面 2"，最后选择动力箱的"面 2"，使轴两端露出同样长度，连续单击 2 次"确定"按钮，完成传动轴一的安装，效果如图 3-37 所示。

（4）用同样的操作步骤将传动轴二和传动轴三装入，构成动力箱，传动轴二和传动轴三的位置参见图 3-38。

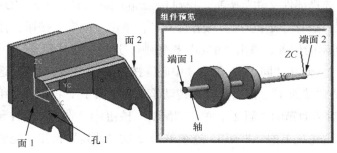

图3-36 装配传动轴一配对示意图

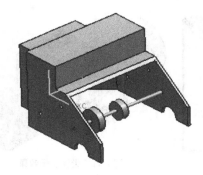

图3-37 传动轴一装配效果

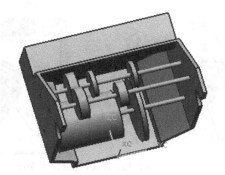

图3-38 传动轴二和传动轴三装配效果

3. 建立传动箱子装配体

（1）建立传动箱子装配体。执行"文件"→"新建"命令，新建名称为 chuandongxiang_subasm.prt 的部件文档，执行"起始"→"建模"命令打开建模功能。

（2）单击"添加现有的组件"按钮，在弹出的"选择部件"对话框中单击"选择部件文件"按钮，找到 houchuandongxiang.prt 文件，单击"OK"按钮弹出"添加现有部件"对话框，接受默认设置，单击"确定"按钮，将后传动箱添加到装配文件中，如图 3-39 所示。

图3-39 后传动箱装配效果

（3）继续单击"选择部件文件"按钮，找到 chilun.prt 文件，单击"OK"按钮，弹出"添加现有部件"对话框，选择"定位"为"通过约束"，单击"确定"按钮，弹出"装配约束"对话框，参照图 3-40 所示的位置，单击"中心"按钮，选择"组件预览"中齿轮的"孔"，再选择后传动箱上的"孔"，使其"同心"，单击"中心"按钮，"中心对象"选择"2 至 2"，选择"组件预览"中齿轮的"端面 1"，接着选择后传动箱上的"面 1"，再选择"组件预览"中齿轮的"端面 2"，最后选择后传动箱的"面 2"，使齿轮在箱中间位置，连续单击 2 次"确定"按钮，完成齿轮的安装，效果如图 3-41 所示。

（4）继续单击"选择部件文件"按钮，找到 houzhou .prt 文件，单击"OK"按钮，弹出"添加现有部件"对话框，选择"定位"为"通过约束"，单击"确定"按钮，弹出"装配约束"对话框，参照图 3-42 所示的位置，单击"中心"按钮▶‖◀，选择"组件预览"中后轴的"轴"，再选择后传动箱上的"孔"，使其"同心"，单击"中心"按钮▶‖◀，"中心对象"选择"2 至 2"，选择"组件预览"中后轴的"端面 1"，接着选择后传动箱上的"面 1"，再选择"组件预览"中后轴的"端面 2"，最后选择后传动箱的"面 2"，单击"配对"按钮▶◀，选择"组件预览"中的"平面"，接着选择后传动箱中齿轮孔上的"平面"，连续单击 2 次"确定"按钮，完成后轴的安装，效果如图 3-43 所示。

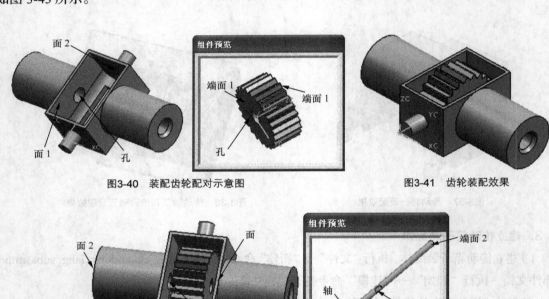

图3-40　装配齿轮配对示意图　　　　　　　　　图3-41　齿轮装配效果

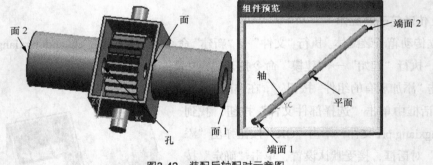

图3-42　装配后轴配对示意图

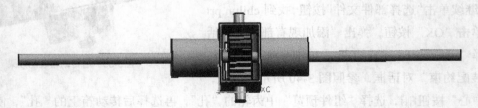

图3-43　后轴装配效果

4. 总装配

（1）打开 kadingche_asm.prt 的部件文档，执行"起始"→"建模"命令打开建模功能，再执行"起始"→"装配"命令，打开装配功能。

（2）安装基础件底盘。单击"添加现有的组件"按钮 ，在弹出的"选择部件"对话框中单击"选择部件文件"按钮，找到 downbody.prt 文件，单击"OK"按钮，弹出"添加现有部件"对话框，接受默认设置，单击"确定"按钮，将底盘添加到装配文件中，如图 3-44 所示。

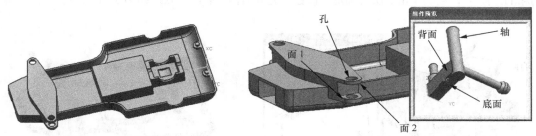

图3-44　底盘装配效果　　　　　　　　　　图3-45　装配杆翼1配对示意图

（3）装配杆翼 1。继续单击"选择部件文件"按钮，找到 ganyi1.prt 文件，单击"OK"按钮，弹出"添加现有部件"对话框。选择"定位"为"通过约束"，单击"确定"按钮，弹出"装配约束"对话框。参照图 3-45 所示的位置，单击"中心"按钮 ，选择"组件预览"中杆翼 1 的"轴"，再选择底盘上的"孔"，使其"同心"，单击"配对"按钮 ，选择杆翼 1 的"底面"，再选择底盘上的"面 1"使其配合，单击"平行"按钮 ，选择杆翼 1 的"背面"，再选择底盘上的"面 2"，连续单击 2 次"确定"按钮，将杆翼 1 装配到装配体中，如图 3-46 所示。

（4）装配杆翼 2。重复上一步的操作，将杆翼 2 装配到装配体中，如图 3-47 所示。

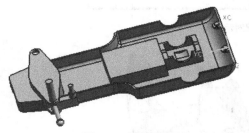
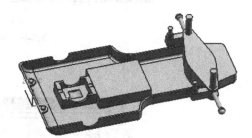

图3-46　装配杆翼1　　　　　　　　　　　　　图3-47　装配杆翼2

（5）装配齿条。继续单击"选择部件文件"按钮，找到 chitiao.prt 文件，单击"OK"按钮，弹出"添加现有部件"对话框。选择"定位"为"通过约束"，单击"确定"按钮，弹出"装配约束"对话框。参照图 3-48 所示的位置，单击"中心"按钮 ，选择"组件预览"中齿条的"孔 1"，再选择杆翼上的"轴 1"，使其"同心"，单击"中心"按钮 ，选择齿条的"孔 2"，再选择杆翼上的"轴 2"，使其"同心"，单击"配对"按钮 ，选择齿条的"底面"，再选择杆翼上的"台面"，使其配合，连续单击 2 次"确定"按钮，完成齿条的装配，如图 3-49 所示。

（6）装配前柄。继续单击"选择部件文件"按钮，找到 qianbing.prt 文件，单击"OK"按钮，弹出"添加现有部件"对话框。选择"定位"为"通过约束"，单击"确定"按钮，弹出"装配约束"对话框。参照图 3-50 所示的位置，单击"配对"按钮 ，选择前柄的"面 5"，再选底盘上的"面 5"

使其配合，单击"中心"按钮▶‖◀，"中心对象"选择"2至2"，选择前柄的"面1"，接着选择底盘上的"面1"，再选择前柄的"面3"，最后选择后传动箱的"面3"。单击"中心"按钮▶‖◀，"中心对象"选择"2至2"，选择前柄的"面2"，接着选择底盘上的"面2"，再选择前柄的"面4"，最后选择后传动箱的"面4"，连续单击2次"确定"按钮，完成前柄的装配，效果如图3-51所示。

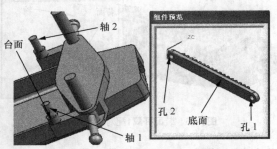

图3-48　装配齿条配对关系示意图

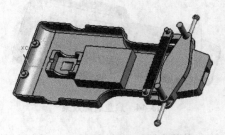

图3-49　齿条装配效果

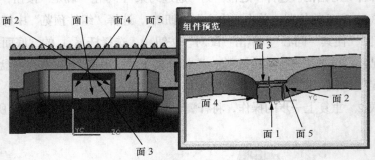

图3-50　装配前柄配对示意图

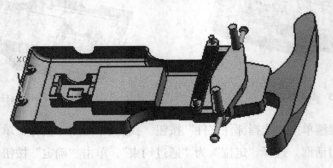

图3-51　前柄装配效果

（7）装配传动箱子装配体。继续单击"选择部件文件"按钮，找到 Kadingche_asm2.prt 文件，单击"OK"按钮，弹出"添加现有部件"对话框。选择"定位"为"通过约束"，单击"确定"按钮，弹出"装配约束"对话框，参照图 3-52 所示的位置，单击"中心"按钮▶‖◀，选择子装配体的"轴1"，再选择底盘上的"孔1"，使其"同心"，单击"中心"按钮▶‖◀，选择子装配体的"轴2"，再选择底盘上的"孔2"，使其"同心"，连续单击2次"确定"按钮，完成传动箱子装配体的装配，效果如图 3-53 所示。

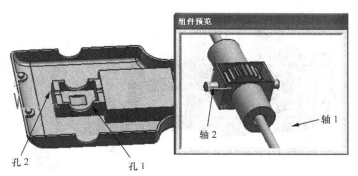

图3-52　装配传动箱子装配体配对关系示意图

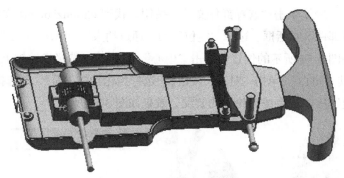

图3-53　传动箱子装配体装配效果

（8）装配动力箱子装配体。继续单击"选择部件文件"按钮，找到 Kadingche_asm1.prt 文件，单击"OK"按钮弹出"添加现有部件"对话框。选择"定位"为"通过约束"，单击"确定"按钮，弹出"装配约束"对话框。参照图 3-54 所示的位置，单击"中心"按钮▶‖◀，选择子装配体的"孔"，再选择底盘上的"轴"，使其"同心"，单击"中心"按钮▶‖◀，"中心对象"选择"2 至 2"，选择子装配体的"侧面 1"，接着选择底盘上的"侧面 1"，再选择子装配体的"侧面 2"，最后选择底盘的"侧面 2"，单击"对齐"按钮▮，选择子装配体的"前面"，再选择底盘的"前面"，连续单击 2 次"确定"按钮，完成动力箱子装配体的装配，效果如图 3-55 所示。

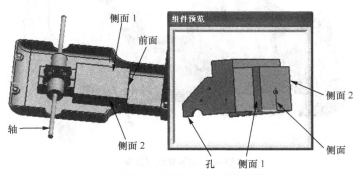

图3-54　装配动力箱子装配体配对关系示意图

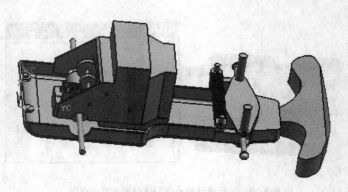

图3-55　动力箱子装配体装配效果

（9）装配齿轮轴。继续单击"选择部件文件"按钮，找到 chilunzhou.prt 文件，单击"OK"按钮，弹出"添加现有部件"对话框。选择"定位"为"通过约束"，单击"确定"按钮，弹出"装配约束"对话框。参照图 3-56 所示的位置，单击"中心"按钮▶‖◀，选择齿轮轴上的"轴"，再选择装配体上的"孔"，使其"同心"，单击"对齐"按钮▮‖，选择齿轮轴的"面"，再选择装配体上的"面"，连续单击 2 次"确定"按钮，完成齿轮轴的装配，效果如图 3-57 所示。

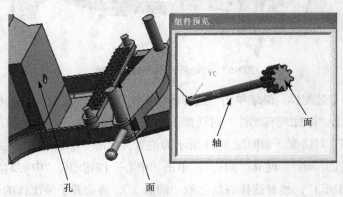

图3-56　装配齿轮轴配对关系示意图

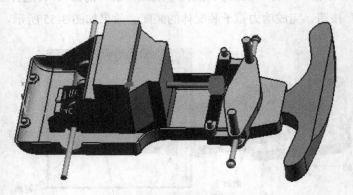

图3-57　齿轮轴装配效果

（10）装配弹簧。继续单击"选择部件文件"按钮，找到 tanhuang.prt 文件，单击"OK"按钮，弹出"添加现有部件"对话框。选择"定位"为"通过约束",单击"确定"按钮,弹出"装配约束"对话框。参照图 3-58 所示的位置,单击"中心"按钮▶¦¦◀,"过滤器"选择"基准轴",选择弹簧上的"基准轴",更换"过滤器"为"任何",再选择装配体上的"轴",使其"同心",单击"对齐"按钮¦¦,选择弹簧上的"面",再选择装配体上的"面",连续单击 2 次"确定"按钮,完成弹簧的装配,效果如图 3-59 所示。

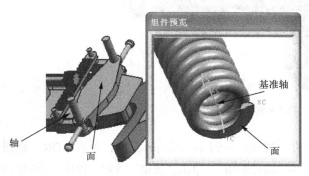

图3-58　装配弹簧配对关系示意

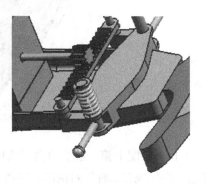

图3-59　弹簧装配效果

（11）重复上一步的操作,在另一杆翼上装配弹簧,如图 3-60 所示。

（12）装配前轮。继续单击"选择部件文件"按钮,找到 qianlun.prt 文件,单击"OK"按钮,弹出"添加现有部件"对话框。选择"定位"为"通过约束",单击"确定"按钮,弹出"装配约束"对话框,参照图 3-61 所示的位置,单击"中心"按钮▶¦¦◀,选择前轮上的"孔",再选择装配体上的"轴",使其"同心",单

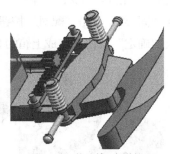

图3-60　装配第2个弹簧

击"配对"按钮▶¦¦,选择前轮的"球面",再选装配体上的"球面"使其配合,连续单击 2 次"确定"按钮,完成前轮的装配,效果如图 3-62 所示。

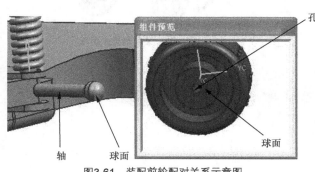

图3-61　装配前轮配对关系示意图

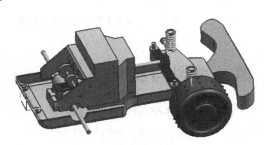

图3-62　前轮装配效果

（13）重复上一步的操作,将另一个前轮和 2 个后轮同样装配上来,如图 3-63 所示。

图3-63　前后车轮装配效果

（14）装配上箱。继续单击"选择部件文件"按钮，找到 topbody.prt 文件，单击"OK"按钮，弹出"添加现有部件"对话框。选择"定位"为"通过约束"，单击"确定"按钮，弹出"装配约束"对话框。参照图 3-64 所示的位置，单击"中心"按钮▶‖◀，选择上箱的"孔 1"，再选择装配体上的"轴 1"，使其"同心"，单击"中心"按钮▶‖◀，选择上箱的"孔 2"，再选择装配体上的"轴 2"，使其"同心"，单击"配对"按钮▶◀，选择上箱的"面"，再选装配体的"面"使其配合，连续单击 2 次"确定"按钮，完成上箱的装配，效果如图 3-65 所示。

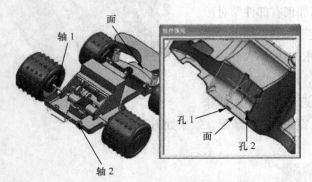

图3-64　装配上箱配对关系示意图

图3-65　装配最终效果图

四、练习与实训

1. 完成图 3-66 所示机械臂的装配。
2. 完成图 3-67 所示泵体的装配。

图3-66 机械臂

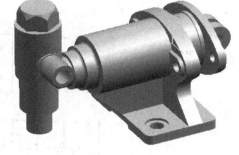

图3-67 泵体

3. 完成图 3-68 所示阀体的装配。

4. 完成图 3-69 所示电扇的装配。

图3-68 阀体

图3-69 电扇

Project

4

项目四

| 工程图绘制 |

零件图的建立

【学习目标】

1. 掌握工程图纸的创建。
2. 掌握基本视图的添加。
3. 掌握投影视图的添加。
4. 掌握简单剖视图的添加。

5. 掌握剖切线的编辑。
6. 了解视图边界的编辑。
7. 掌握局部剖视图的添加。

一、工作任务

在工程图模块中完成如图 4-1 所示的基本视图、简单剖视图及局部剖视图的建立。

二、相关知识

工程图是计算机辅助设计的重要内容，在 UG NX 中通过"建模"模块完成产品造型后，即可进入"制图"模块绘制工程图。"制图"模块和"建模"模块完全相关，实体模型的修改会自动反映到工程图中，其过程不可逆，极大地提高了工作效率。本章主要介绍 UG NX 8.5 工程图的创建、参数的设置、视图和剖视图的建立、装配图的建立、尺寸标注以及图纸输出。利用主模型方法支持并行工程。当设计员在模型上工作时，制图员可以同时制图。

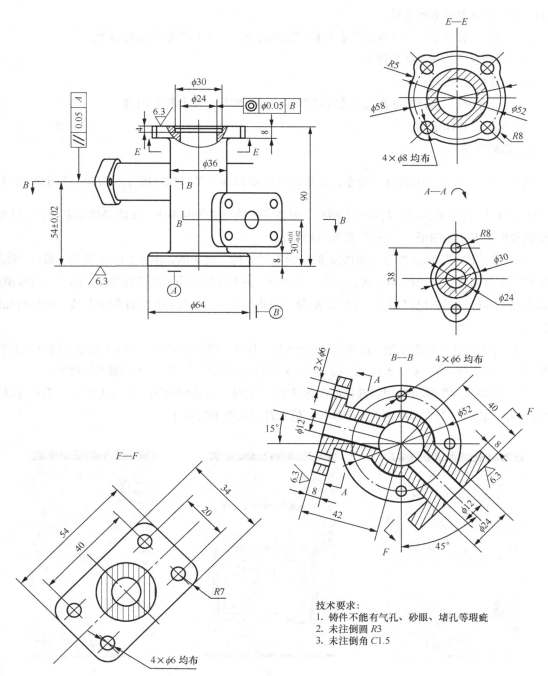

图4-1　管零件图

1．工程图绘制过程

制作零件工程图的步骤如下。

（1）启动 UG NX 8.5，打开零件或产品的实体模型或者创建零件或产品的实体模型。

（2）执行"起始"→"制图"命令，进入制图模块，在弹出的对话框中设置图纸的名称、图幅、

比例、单位以及投影角等参数。

（3）执行"首选项"→"制图"命令和"制图首选项"工具条设置最初参数。

（4）添加视图、剖视图等视图。

（5）调整视图布局。

（6）标注图纸，包括尺寸标注、文字注释、表面粗糙度、标题栏等内容。

（7）保存，打印输出。

2. 图纸管理

执行"插入"→"图纸页"命令，或单击"图纸布局"工具栏中的 按钮，弹出如图 4-2

（a）所示的"片体"对话框。利用该对话框，可在当前模型文件内新建一张或多张指定名称、尺寸、比例和投影象限角的图纸。"大小"选项组如下。

（1）"使用模板"单选按钮。选择该单选按钮，"片体"对话框如图 4-2（b）所示。通过"图纸页模板"下拉列表，可选择 A0、A1、A2、A3 和 A4 共 5 种型号的图纸模板来新建图纸。这些模板虽带有图框和标题栏，但仅作为一个图形对象，因此不会明显增加部件文件的字节数，但会增加显示速度。

（2）"标准尺寸"单选按钮。选择该单选按钮，"片体"对话框如图 4-2（a）所示，通过"大小"下拉列表，可选择 A0、A1、A2、A3 和 A4 共 5 种型号的图纸尺寸作为新建图纸的尺寸。

（3）"定制尺寸"单选按钮。选择该单选按钮，"片体"对话框如图 4-2（c）所示。用户可以在"高度"和"长度"文本框中输入高度和长度值来自定义图纸的尺寸。

（a）　　　　　（b）　　　　　（c）

图4-2 "片体"对话框

（4）"图纸页名称"文本框。在其中输入新建的图纸名称。系统默认的新建图纸名为 Sheet1、Sheet2、Sheet 3 等。

（5）单位。设置图纸的度量单位，有两种单位可供选择：英寸和毫米。

（6）投影象限角。设置图纸的投影角度。系统根据各个国家使用的绘图标准不同提供了两种投影方式。

如果使用中国绘图标准，则使用第1象限角度投影方式，如图4-3所示；若使用美国绘图标准，则使用第3象限角度投影方式，如图4-4所示。

图4-3　第1象限角度投影方式　　　　　　　图4-4　第3象限角度投影方式

3. 添加视图

图纸创建好后，需要为其添加视图，以便表达建立的三维实体模型。

（1）添加基本视图。执行"插入"→"视图"→"基本视图"命令，或单击"图纸布局"工具栏中的　图标，弹出"基本视图"对话框，利用该对话框可将三维模型的各种视图添加到当前图纸的指定位置。下面介绍该对话框中各选项的含义。

① 添加视图类型。在 Model View to Use 下拉列表中可以选择要添加的视图，包括俯视图、前视图、右视图、后视图、仰视图、左视图、正等测视图和正二测视图8种。

② 比例。用于设置要添加视图的比例。在默认情况下，该比例与新建图纸时设置的比例相同。可以在该下拉列表中选择合适的比例，也可利用表达式来设置视图的比例。

③ 移动视图。单击"基本视图"对话框中的　按钮，拖动某个视图可将其移动到需要的合适位置。

（2）添加正投影视图。正投影视图是创建平面工程图的第一个视图，可将其作为父视图，以它为基础可根据投影关系衍生出其他平面视图。基本视图创建完成后，系统会自动弹出"投影视图"对话框，如图4-5所示。

若创建基本视图后关闭了"投影视图"对话框，可单击"图纸"工具条中的"投影视图"按钮　来创建投影视图。

生成正投影视图的步骤如下。

① 单击"父视图"按钮　，可重新选择父视图进行投影。若不单击该按钮，系统默认的父视图是上一步添加的视图。

② 指定铰链线（铰链线垂直于投影方向）。

对话框相关参数的设置如下。

矢量选项：用于选择铰链线的指定方式。

自动判断：该选项为系统默认的，铰链线可以在任意方向。

已定义：选中该选项后，系统提供"矢量构造器"，用于指定铰链线的具体方向。

反转投影方向：选中该复选框，可将投影方向反向。

图4-5　"投影视图"对话框

③ 放置视图。在图形区中的适当位置单击即可放置一个投影视图。

（3）局部放大视图。局部放大视图用于表达视图的细微结构，并可以对任何视图进行局部放大。

单击 图标，弹出图 4-6 所示的"局部放大图"对话框。

下面介绍该对话框中参数的设置。

类型：用于指定父视图上放置的标签形状。系统包含圆形和矩形 2 种形状。

边界：用于在父视图上指定要放大的区域边界。

刻度尺：用于设置放大图的比例。

父项上的标签：用于指定父视图上放置的标签形式。系统给定了 6 种标签形式，如图 4-7 所示。

图4-6 "局部放大图"对话框

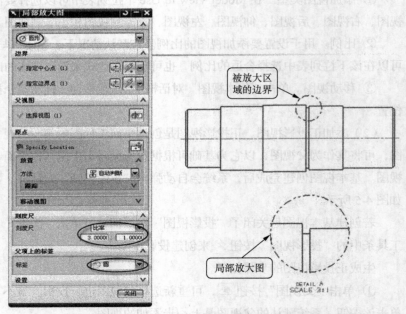

图4-7 "局部放大图"对话框参数设置及其效果图

生成局部放大视图的步骤如下。

① 设置"父项上的标签"和"类型"选项。

② 在绘图区中定义边界。例如，定义圆形边界，先在父视图上要放大的区域选择一点作为圆心点，然后移动鼠标指针，待圆形边界的大小符合用户要求时单击，即可完成边界的定义。

③ 设置放大比例。

④ 放置局部放大视图。移动鼠标指针将图形放在适当位置后单击。

（4）全剖视图。全剖视图用于绘制单一剖切面的剖视图。

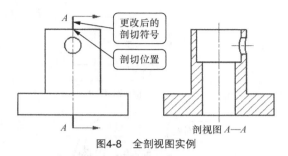

图4-8　全剖视图实例

下面通过图 4-8 所示的实例讲述创建"全剖视图"的操作过程。

① 单击"图纸布局"工具栏中的 按钮，弹出"剖视图"工具栏，如图 4-9 所示，提示选择父视图。

② 选择刚才创建的俯视图作为父视图，此时"剖视图"工具栏按钮自动激活，工具栏变成图 4-10 所示的状态。

图4-9　"剖视图"工具栏

图4-10　激活后的"剖视图"工具栏

③ 如图 4-10 所示，移动鼠标指针选择剖面线切割位置，单击鼠标左键，定义剖面线。

④ 定义剖切位置。系统会自动定义一条铰链线，直接在主视图上捕捉图 4-8 所示圆的圆心点作为剖切位置。若想重新定义铰链线，则单击 图标自行定义铰链线，此时需要在"矢量构造器"下拉列表中选择铰链线的方向，通常选择"两点"方式 来定义。如果需要改变投影方向，则单击"反向"图标 即可。

⑤ 若要设置剖切线参数，可以单击 图标进入"剖切线样式"对话框进行设置，如图 4-11 所示。若要设置视图样式，可以单击 图标进入"视图样式"对话框进行设置。

⑥ 放置全剖视图。

（5）半剖视图。半剖视图用来表达对称图形或近似对称图形的内部结构。

下面以图 4-12 所示实例来讲述创建"半剖视图"的操作过程。

① 单击"半剖视图"图标 。

② 选择父视图。选择图 4-12 所示的俯视图作为父视图。

③ 定义剖切位置。直接在图 4-12 所示的俯视图上捕捉左边圆的圆心作为剖切位置。

④ 定义折弯位置。在图 4-12 所示的父视图上捕捉中间圆的圆心作为折弯位置。

（6）阶梯剖视图。阶梯剖视图用来剖切位于几个互相平行平面上的机件的内部结构。

下面以图 4-13 所示的实例来讲述创建"阶梯剖视图"的操作过程。

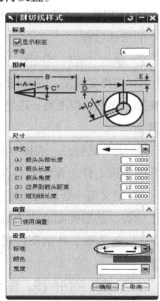

图4-11　"剖切线样式"对话框

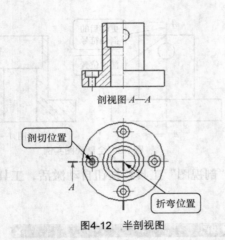

剖视图 *A—A*

剖切位置

折弯位置

图4-12　半剖视图

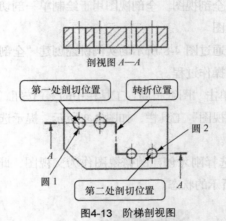

剖视图 *A—A*

第一处剖切位置　　转折位置

圆 2

第二处剖切位置

圆 1

图4-13　阶梯剖视图

① 单击"剖视图"图标 [◎]。

② 选择父视图。选择图 4-13 所示的俯视图作为父视图。

③ 定义第一处剖切位置。直接在图 4-13 所示的俯视图上捕捉圆 1 的圆心作为第一处剖切位置。

④ 定义第二处剖切位置。移动鼠标指针使铰链线水平后，单击"添加段"图标 [⌐]，然后捕捉图 4-13 所示圆 2 的圆心作为第二处剖切位置。剖切位置选完后，单击"删除段"图标 [✖] 结束段的添加。若想移动剖切位置或转折位置，则可单击"移动段"图标 [⊡]，然后单击选择要移动的段，接着移动鼠标指针，待放到合适的位置后单击确认即可。

⑤ 放置阶梯剖视图。单击"放置视图"图标 [⊟]，移动鼠标指针将图形放在适当位置。

（7）旋转剖视图。旋转剖视图用于剖切非直角剖切面的视图，将要剖切部位的剖切线旋转某一角度，以表达零件的特征。

下面以图 4-14 所示的实例来讲述创建"旋转剖视图"的操作过程。

① 单击"旋转剖视图"图标 [↻]。

② 选择父视图。选择图 4-14 所示的俯视图作为父视图。选择父视图后，系统自动弹出图 4-15 所示的工具条。

③ 定义旋转点。在图 4-14 所示的父视图上捕捉中间圆的圆心作为旋转中心点。

④ 定义第一处剖切位置。在图 4-14 所示的父视图上捕捉左边圆的圆心作为第一处剖切位置。

⑤ 定义第二处剖切位置。在图 4-14 所示的父视图上捕捉右边小圆的圆心作为第二处剖切位置。

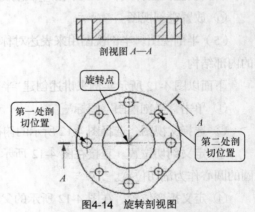

剖视图 *A—A*

旋转点

第一处剖切位置

第二处剖切位置

图4-14　旋转剖视图

⑥ 放置阶梯剖视图。移动鼠标指针将图形放在适当位置后单击。

（8）局部剖视图。局部剖视图是移去模型的一个局部区域来观察模型内部而得到的视图。通过一个封闭的局部剖切曲线环来定义区域，局部剖视图与其他剖视图不一样，它是在原来的视图上剖切，而不是新生成一个剖视图。

下面以图 4-16 所示的实例来讲述创建"局部剖视图"的操作过程。

图4-15 工具条

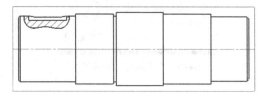

图4-16 局部剖视图实例

① 扩展成员视图。将光标放在图 4-17 所示的视图边框以单击鼠标右键，在弹出的快捷菜单中选择"扩展成员视图"。

② 绘制图 4-18 所示的样条曲线。单击"曲线"工具条中的"艺术样条"图标，弹出图 4-19 所示的对话框，将"阶次"改为 3，选中☑封闭的复选框，绘制图 4-18 所示的样条曲线，单击"确定"按钮。

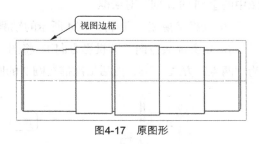

图4-17 原图形

 样条曲线要画在视图边框内。

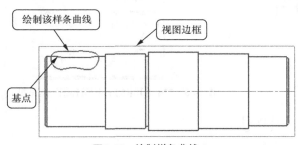

图4-18 绘制样条曲线

图4-19 "艺术样条"对话框

③ 退出扩展模式。将光标放在图 4-17 所示的视图边框内单击鼠标右键，在弹出的快捷菜单中选择"扩展"选项。

④ 单击"局部剖"图标 ，弹出图 4-20 所示的对话框。

⑤ 选择生成局部剖的视图。选择图 4-18 所示的视图。

⑥ 定义基点。选择图 4-18 所示的端点作为基点。

⑦ 定义拉伸矢量。直接单击鼠标中键接受系统默认矢量。

⑧ 选择剖切线。选择样条曲线。

⑨ 单击 确定 按钮，完成图 4-21 所示的局部剖视图的创建。

（9）轴测剖视图。下面以图 4-22 所示的实例来讲述创建"轴测图中的全剖视图"的操作过程。

图4-20　"局部剖"对话框

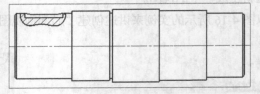

图4-21　局部剖视图

① 单击"图纸"工具栏中的"轴测图中的全剖/阶梯剖"图标，弹出图 4-23 所示的"轴测图中的全剖/阶梯剖"对话框。

② 选择父视图。选择图 4-24 所示的轴测图作为父视图。

③ 定义箭头方向（即投影方向）。将图 4-23 所示对话框中的"自动判断的矢量"方式改为"两点"方式，然后依次捕捉圆 2 的圆心和圆 1 的圆心，单击"应用"按钮。

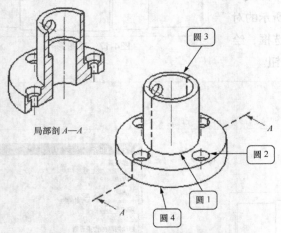

图4-22　轴测图中的全剖视图实例

图4-23　"轴测图中的全剖/阶梯剖"对话框

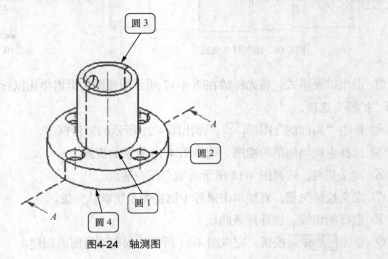

图4-24　轴测图

④ 定义剖切方向。在图 4-25 所示的对话框中选择"两点"方式 ⟋▼，然后分别捕捉圆 3 的圆心和圆 4 的圆心，再将"剖视图方向"改为 采用父视图方向 ▼，单击"应用"按钮。

⑤ 定义剖切位置。捕捉圆 3 的圆心。

⑥ 放置剖视图。单击"应用"按钮，移动鼠标指针将图形放在绘图区中的适当位置，完成图 4-26 所示的轴测全剖视图的创建。

图4-25　选择"两点"方式

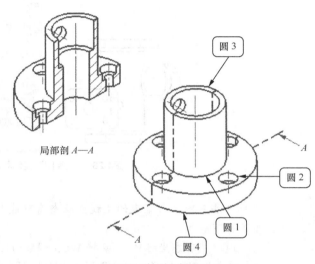

图4-26　轴测全剖视图

（10）显示与更新视图。

① 视图的显示。单击"图纸"工具栏中的"显示图纸页"图标 ，系统会在模型的三维图形和二维工程图之间切换。

② 视图的更新。三维图形做了更改后，之前添加的二维工程图不会自动更新，单击"更新视图"图标才可更新图形区中的视图。

调用命令：单击"图纸"工具栏中的"更新视图"图标 。弹出图 4-27 所示的"更新视图"对话框。系统自动选择当前图样页面上的所有视图，如果想选择其中某一个视图进行更新，可以在"视图列表"中选择，也可以在图形区中直接选择要更新的视图，然后单击"应用"按钮，即可更新图形。

图4-27　"更新视图"对话框

三、任务实施

1. 打开文件

打开"一、工作任务"中已完成的图 4-1 所示的零件模型文件。

2. 视图调整

在"视图"工具条中单击"主视图"图标 ⌐⌐，呈现的主视图如图 4-28 所示。

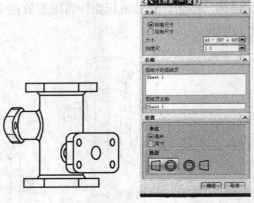

图4-28　"主视图"显示状态

　　建模方法不同，所呈现的主视图状态有可能与图不一致，为方便出图，可调整视图，步骤如下。

（1）通过"动态坐标系" 🖉 将 WCS 调整为图 4-1 所示的方向。

（2）单击视图工具条中的"设置为 WCS"图标 ⌐⌐，则视图呈现图 4-1 所示的状态。

（3）单击视图工具条中的"将视图另存为"图标 ⌐⌐，保存视图，并命名为 Front2。

3. 新建工程图纸

（1）进入工程图模块。单击"应用程序"工具条中的制图图标 ⟋，进入工程图模块。

（2）定义图纸类型。在图 4-28 所示的工作表对话框中选择图纸页面为 A3，比例为 1∶1，并设置为"第一象限角投影"。

4. 添加基本视图

第一次进入图纸界面会自动添加基本视图，可以选择投影的两种方式。

5. 添加投影视图

在添加的基本视图对应位置可以自动添加与基本视图关联的投影视图，添加图 4-29 所示的投影视图。

6. 工作平面设置

执行"首选项"→"工作平面"命令，将显示栅格选项关闭。

7. 视图光顺边编辑

执行"编辑"→"样式" ^A 命令，选择基本视图边界，单击"确定"按钮。取消选中图 4-30 所示的"光顺边设置"

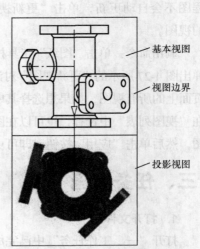

图4-29　添加投影视图

对话框中的"光顺边"复选框。

8. 添加简单剖视图

（1）建立剖视图。单击"图纸布局"工具条中的"剖视图"图标 ⊙，出现"剖视图"工具条，如图 4-31 所示。

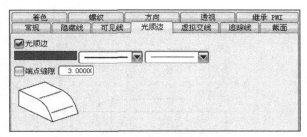

图4-30　"光顺边设置"对话框

图4-31　"剖视图"工具条

① 定义基本视图，选择图 4-29 所示的投影视图作为本次简单剖视图的"基本视图"。

② 定义剖切位置，通过"点构造器"确定剖切位置，如图 4-32 所示。

③ 定义剖切方向，单击"铰链线"图标 ⋋，在"矢量构造器"中单击"角度"图标，输入角度值 75°，单击 ⊠ 图标使方向反向。

④ 放置剖视图，将设置好的剖视图放置在图 4-32 所示的位置。

（2）编辑剖切线。执行"首选项"→"剖切线"命令，选择图 4-32 所示的剖切线。在剖切线对话框中选择"显示"为国家标准，并适当调整 B、D、E 数值，确定后，完成剖切线样式的设置，如图 4-33 所示。

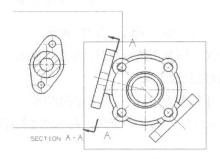

图4-32　完成的简单剖视图

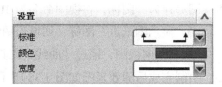

图4-33　剖切线样式设置

（3）编辑视图名称。执行"注释"→"注释对象"命令，选择 SECTION A—A 文本（或者双击选择），在注释对象对话框中将"前缀"SECTION 删除，确定后拖动文字 A—A，将其置于视图上方，这样便符合国家标准了。

（4）编辑视图角度。将鼠标指针置于 A—A 剖视图边界，单击鼠标右键，在弹出快捷菜单中选择"样式"选项，在弹出对话框的"角度"文本框中输入 15°，确定后，视图被摆正。

（5）编辑视图边界。执行"视图"→"视图边界"命令，选择 A—A 剖视图，在视图边界对话框中定义为"手工生成矩形"，手动拉伸出大小合适的矩形作为视图的新边界。

通过上述调整后的 *A—A* 剖视图如图 4-34 所示。

9. 添加局部剖视图

（1）创建截断线。将鼠标指针置于基本视图内，单击鼠标右键，在弹出的菜单中选择"扩展"选项。在独立显示的基本视图中，通过点方式做封闭的样条线，如图 4-35 所示。

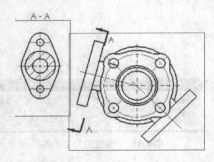

图4-34　调整后的*A—A*剖视图

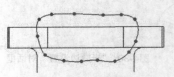

图4-35　封闭样条线

再次单击鼠标右键，取消选中"扩展"复选框，退出扩展状态。

（2）建立局部剖。单击"图纸布局"工具条中的"局部剖"图标 🔲，出现局部剖对话框。

① 选择视图：选择图中的基本视图作为建立局部剖的视图。

② 定义基点：选择投影视图中大圆柱的圆心作为基点。

③ 定义拉伸矢量：在"矢量构造器"中选择方向。

④ 选择截断线：选择建立的封闭样条线作为截断线，应用后完成局部剖的建立，如图 4-36 所示。

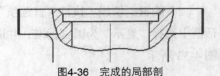

图4-36　完成的局部剖

10. 添加自定义轴向视图的局部剖

（1）单击"图纸布局"工具条中的"显示图纸页"图标，使显示切换为 3D 状态。

（2）旋转实体模型，使其呈自定义轴向状态，将 WCS 调整为图示状态。单击"视图"工具条中的"将视图另存为"图标，将视图命名为 3D，保存自定义轴向视图。

（3）单击"显示图纸页"图标，切换为图纸状态。添加名为 3D 的自定义轴向视图。

（4）"扩展"轴向视图，通过"曲线"工具绘制图 4-37 所示的 4 条直线，直线经过侧部两个圆柱的圆心。绘制完成后的效果图如图 4-38 所示。

（5）建立局部剖。单击"局部剖"图标 🔲，弹出局部剖对话框。

① 选择视图：选择自定义的轴向视图作为建立局部剖的视图。

② 定义基点：选择基本视图中顶部大圆柱的圆心作为基点。

③ 定义拉伸矢量：在"矢量构造器"中通过"自动判断矢量"选择大圆柱表面，确定方向为圆柱轴向（向下）。

④ 选择截断线：选择建立的 4 条直线作为截断线，应用后完成局部剖的创建，如图 4-39 所示。

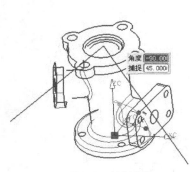

图4-37　绘制曲线

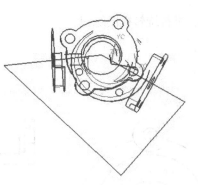

图4-38　绘制完成后的效果图

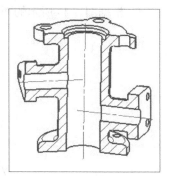

图4-39　完成后的轴向局部剖

11. 隐藏视图边界

执行"首选项"→"制图"→"视图"→"边界"命令，取消选中"显示边界"复选框。至此完成所有视图的添加，单击"保存"按钮。

四、练习与实训

1. 根据图 4-40 所示的图形，进行全剖视图练习。
2. 根据图 4-41 所示的图形，进行半剖视图练习。

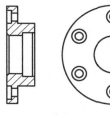

图4-40　题1图

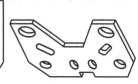

图4-41　题2图

3. 根据图 4-42 所示的图形，进行半剖视图、局部视图和局部放大图练习。

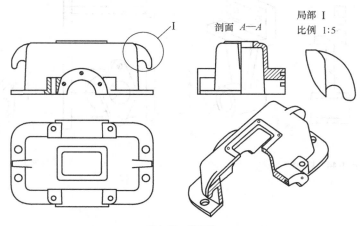

图4-42　题3图

4. 根据图 4-43 所示的图形，进行旋转视图练习。

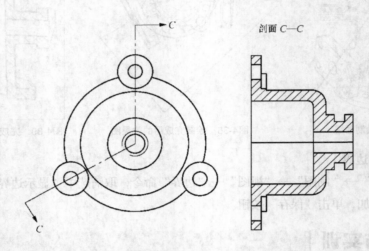

图4-43　题4图

5. 根据图 4-44 所示的图形，进行阶梯剖视图练习。

6. 根据图 4-45 所示的图形，进行向视图练习。

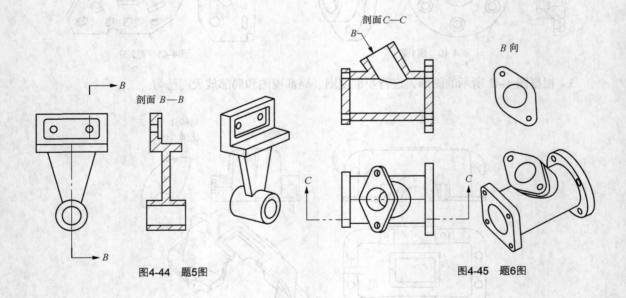

图4-44　题5图　　　　　　　　　图4-45　题6图

工程图对象与标注

【学习目标】

1. 掌握实用符号的添加。
2. 掌握注释首选项的设置。
3. 掌握工程图尺寸的标注。
4. 掌握基准的标注。
5. 掌握文本注释的标注。
6. 掌握表面粗糙度符号的标注。

一、工作任务

在工程图模块中，对任务一建立的各视图添加实用符号、尺寸及文本注释等工程图对象。

二、相关知识

尺寸标注是工程中的重要环节，其主要包括下列几项标注。

（1）尺寸标注。

（2）形位公差标注。

（3）表面粗糙度标注。

（4）ID 符号标注。

1. 尺寸标注

在"尺寸"工具条（见图4-46）中选择任一尺寸标注类型后，系统弹出图4-47所示的"自动判断的尺寸"工具条。

图4-46　"尺寸"工具条

图4-47　"自动判断的尺寸"工具条

1.00：用于设置尺寸标注公差形式。

1：用于设置尺寸精度。

：用于添加注释文本。单击该按钮，弹出图 4-48 所示的"文本编辑器"对话框。

"文本编辑器"对话框中各选项的含义如下。

"附加文本"选项组：用来指定目前添加的文本是放在已标注尺寸的哪个位置。

"在前面"图标：表示当前添加的文本放在已标注尺寸的前面。

"在后面"图标：表示当前添加的文本放在已标注尺寸的后面。

"上面"图标：表示当前添加的文本放在已标注尺寸的上面。

"下面"图标：表示当前所添加的文本放在已标注尺寸的下面。这4个选项随时都可以启用。

：用于清除所有附加文本。

制图符号：单击该选项卡如图 4-49 所示，用户可以在此选择需要的制图符号，系统自动将其写入附加文本框中。

形位公差符号：单击该选项卡出现图 4-50 所示的界面，用户可以在此选择需要的形位公差符号，系统也会自动将其写入附加文本框中。

图4-48　"文本编辑器"对话框

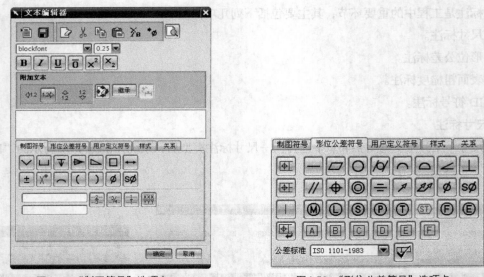

图4-49　"制图符号"选项卡

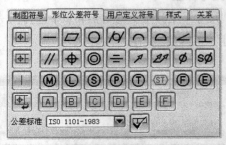

图4-50　"形位公差符号"选项卡

：单击该按钮，弹出图 4-51 所示的"尺寸样式"对话框，用于设置尺寸显示和放置等参数。

：用于重置所有设置，即恢复默认状态。

例如，在图 4-52 所示的尺寸上增加文本，步骤如下。

（1）选中尺寸。将光标放在φ16 尺寸上双击。

（2）单击"注释编辑器"图标，弹出"文本编辑器"对话框。

（3）单击"在前面"图标，然后选择 φ 图标，输入 8，再选择 图标。

（4）单击"在后面"图标，然后选择 图标，输入 8。

（5）单击"确定"按钮，即可得到图4-53所示的标注。

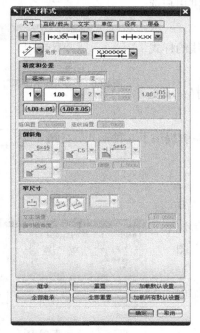

图4-51 "尺寸样式"对话框

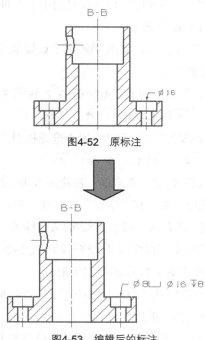

图4-52 原标注

图4-53 编辑后的标注

2. 形位公差标注

（1）创建基准。下面以图4-54所示的实例来介绍创建基准标识符的一般操作过程。

① 单击"注释"工具条中的"基准特征符号"图标，打开图4-55所示的对话框，设置参数。

② 指定基准面/边。单击图标，选择如图4-54所示的直线。

③ 放置基准标识符。移动鼠标指针，待符号放到适当的位置后单击，如图4-54所示。

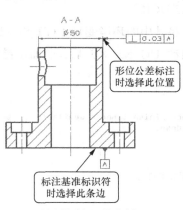

图4-54 创建基准标识符实例

图4-55 "基准特征符号"对话框参数

"基准特征符号"对话框中各选项的含义如下。

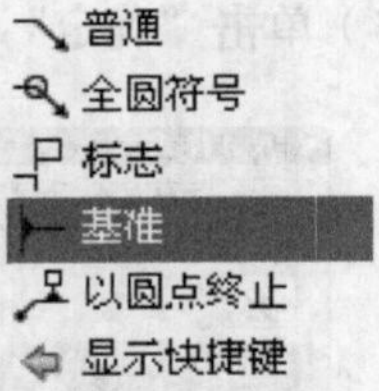

"类型"下拉列表：该下拉列表中有 5 种指引线的类型供用户选择，如图 4-56 所示。

"样式"选项组：该选项组用于设置箭头的形式、短画线的样式及短画线的长度。

"箭头"下拉列表：系统提供 2 种箭头形式给用户选择：填充 ├ 基准 和未填充 ├ 基准 。

"短划线侧"下拉列表：用于选择指引线朝向哪一侧，系统提供了 3 种形式：左侧 左 、右侧 右视图 和 自动判断 。

"短划线长度"文本框：在此输入短画线的长度。

基准标识符：在"字母"文本框中输入基准符号，如 A/B/C。

设置：在此可以设置直线/箭头的样式、文字的样式、形位公差符号的线型和线宽以及符号的放置情况。单击"样式"图标，打开图 4-57 所示的对话框。

（2）创建形位公差。下面仍以图 4-54 所示的实例来介绍创建形位公差的一般操作过程。

① 选择"注释"工具条中的"特征控制框"图标，弹出"特征控制框"对话框。

② 指定要标注形位公差的指引位置。单击 图标，选择尺寸线的端点。

③ 放置标准形位公差。移动鼠标指针，待符号放到适当位置后单击。

3. 表面粗糙度标注

在 UG NX 8.5 安装后的默认设置中，表面粗糙度符号命令没有被激活，因此首先要激活表面粗糙度符号命令。在 UG NX 8.5 的安装目录"*:\Program Files\UGS\UG NX 8.5\UGII"中找到 ugii_env.dat 文件，用记事本程序将其打开，将其中的环境变量 UGII_SURFACE_FINISH 的值改为 ON（见图 4-58），然后保存文件。再次启动 UG NX 8.5 后，表面粗糙度符号命令已激活。

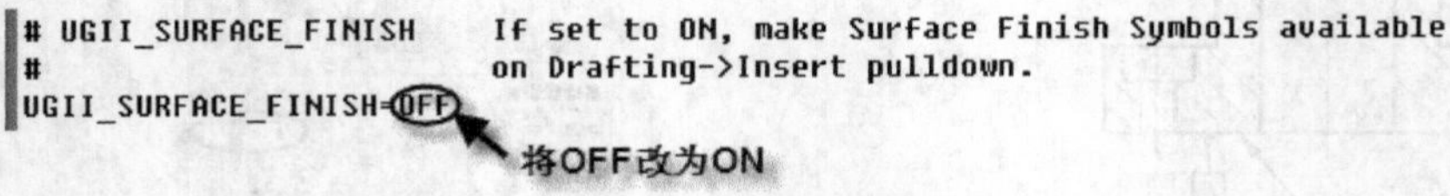

普通
全圆符号
标志
基准
以圆点终止
显示快捷键

图4-56 "指引线的类型"下拉框

图4-57 "样式"对话框

```
# UGII_SURFACE_FINISH    If set to ON, make Surface Finish Symbols available
#                        on Drafting->Insert pulldown.
UGII_SURFACE_FINISH=OFF
```
将OFF改为ON

图4-58 激活表面粗糙度符号

标注表面粗糙度的操作过程如下。

（1）选择命令。执行"插入"→"符号"→"表面粗糙度符号"命令，弹出"表面粗糙度符号"对话框。如图 4-59 所示，设置粗糙度参数，然后单击"在边上创建"图标✓。

（2）标注表面粗糙度符号。选择要标注表面粗糙度的边，选择放置位置，结果如图 4-60 所示。

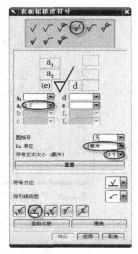

图4-59 "表面粗糙度符号"对话框参数设置

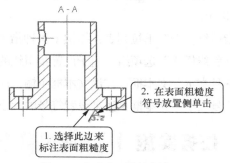

图4-60 标注表面粗糙度符号

"表面粗糙度符号"对话框中各选项的含义如下。

符号图标：NX 8.5 提供了 9 种类型的表面粗糙度符号。要创建表面粗糙度，首先要选择相应的符号类型。

重置：清除所有的参数设置。

✓：在延伸线上创建表面粗糙度符号。

✓：在轮廓线上创建表面粗糙度符号。

✓：在尺寸线上创建表面粗糙度符号。

✓：在点上创建表面粗糙度符号。

✓：用指引线创建表面粗糙度符号。

"圆括号"下拉列表：该下拉列表用于设置是否将表面粗糙度符号置于括号内，包括"无""左""右""双向"4 个选项。

"Ra 单位"下拉列表：提供了 2 种单位。改变"Ra 单位"选项时，a_1 和 a_2 文本字段下拉列表中的内容也会相应发生变化。

"符号文本大小"下拉列表：该下拉列表有 7 种 ISO 标准符号文本大小。符号文本大小用毫米表示。符号文本增大，符号大小也随之增大。

4．ID 符号标注

ID 符号是一种由规则图形和文本组成的符号，在创建装配图中使用。标注 ID 符号的操作过程

如下。

（1）选择"注释"工具条中的"标识符号"图标 ⑦，弹出"标识符号"对话框，参数设置如图4-61所示。

（2）指定指引线位置。单击 图标，选择目标对象。

（3）放置 ID 符号。移动鼠标指针，待符号放到适当位置后单击。

"ID 符号类型"下拉列表：系统提供了各种 ID 符号类型供用户选择。

▢ 通过二次折弯创建：选中该复选框，指引线可以任意折弯两次以上。

"指引线类型"下拉列表：提供了 4 种指引线供用户选择。

"指引线样式"选项组：用于设置指引线的箭头形式。

"符号文本"文本框：在该文本框中输入序号。

"符号大小"文本框：用来设置符号的大小。

图4-61　"标识符号"对话框

三、任务实施

1. 添加实用符号

（1）添加圆柱中心线。单击"中心线"工具条中的"3D 中心线"图标 ，通过捕捉圆心点添加图 4-62 所示的中心线。

（2）添加完整螺纹圈。单击"螺栓圆中心线"图标 ，通过捕捉圆心点选择 4 个 $\phi 6$ 圆柱孔的圆心，完成图 4-63 所示的螺栓圆中心线。

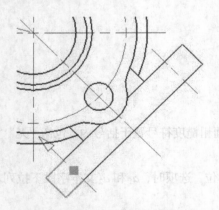

图4-62　3D中心线示意图

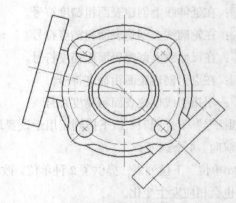

图4-63　螺栓圆中心线

　　如果 4 个 $\phi 6$ 圆柱孔是通过特征环形阵列完成的，则软件自动添加螺栓圆中心线。如果是分别通过圆柱布尔"求差"操作完成的，则自动添加的中心线需要删除后再重新建立。

2.设置注释首选项

在标注尺寸前可以统一设置尺寸大小及形式。单击"制图首选项"工具条中的"注释首选项"图标 A，在对话框中做相关设置，使标注尽量符合国家标准。

（1）文字。单击对话框中的"文字"选项卡，如图4-64所示。

① 设置文字类型的4项字符大小全部为4.5。

② 设置"附加文本""公差"选项的文本间距因子为0。

图4-64　"文字"选择卡

（2）直线/箭头。单击对话框中的"直线/箭头"选项卡，如图4-65所示。

① 设置箭头形式为"填充的箭头"。

② 设置箭头大小为4.5。

（3）单位。单击对话框中的"单位"选项卡，如图4-66所示。

① 设置小数点为原点，尾数不为0。

② 设置角度格式为只显示度数。

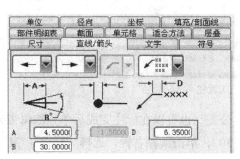

图4-65　"箭头"选项卡

图4-66　"单位"选项卡

（4）径向。单击对话框中的"径向"选项卡，如图 4-67 所示。

① 设置直径符号与半径符号分别为ϕ与 R。

② 设置直径符号与数值间距 A 为 0。

（5）尺寸。单击对话框中的"尺寸"选项卡，出现"倒斜角"对话框，如图 4-68 所示。设置倒斜角项 C 与数值间距离为"0"。其他选项设置按默认数值及形式。

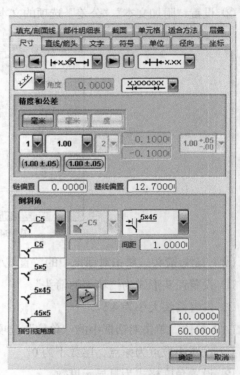

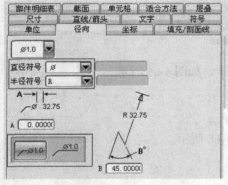

图4-67 "径向"选项卡　　　　　　　　　图4-68 "倒斜角"对话框

3. 尺寸标注

（1）常规尺寸标注。常规尺寸标注可以通过图 4-69 所示的各项命令完成，操作方法与草图尺寸标注类似。

图4-69 "尺寸"工具栏

（2）尺寸公差。在标注尺寸的同时可以设置尺寸公差，也可以在标注完成后单独编辑带公差的尺寸。选择要标注公差的尺寸（如图 4-70 中的长度 30），单击鼠标右键，选择"样式" 🅰 ，在对话框中选择公差形式并输入公差数值，如图 4-70 所示。

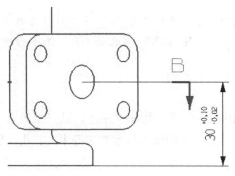

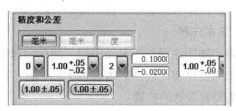

图4-70　尺寸公差示意

（3）形位公差。选择要标注公差的尺寸（如图 4-71 中的长度 54），单击鼠标右键，选择"编辑附加文本"选项，图 4-71 中形位公差框位于尺寸下方，单击图标设置附加文本位置。

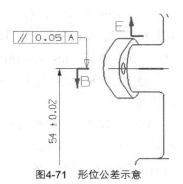

在形位公差对话框中选择"形位公差符号"选项。

选择"开始单框"，单击"平行度"图标，输入数值 0.05，单击"竖直分割"图标，输入基准 A，确定后完成形位公差的输入。

选择已输入形位公差的尺寸，单击鼠标右键，选择"样式"，添加尺寸公差，并将附加文本的字符大小设置为 3，完整标注如图 4-71 所示。

图4-71　形位公差示意

4. 标注基准

单击"制图注释"工具条中的"注释编辑器"图标，在对话框中直接选择基准，在"类型"选项中选择"基准指引线"形式，如图 4-72（a）所示，将鼠标指针置于放置面，按住鼠标左键拖动放置基准，完成的基准如图 4-72（b）所示。

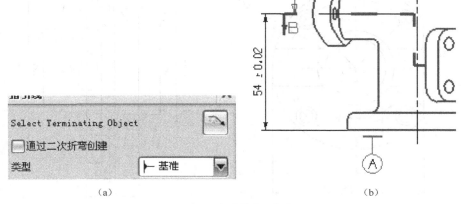

（a）　　　　　　　　　　　　　　　　（b）

图4-72　标注基准示意图

  如果显示的基准符号不符合中国国家标准，则在"文件"→"实用工具"→"用户默认设置"→"制图"→"常规"→"制图标准"中选择 GB，保存后重启 UG。

5. 文本注释

单击"制图注释"工具条中的"注释编辑器"图标 A，要设置中文字体，就必须进入"注释编辑器"完整界面。选择字体形式 Chinesef，在<F3>与<F>之间输入技术要求等中文，用鼠标在图纸中单击需要放置的位置。

6. 标注表面粗糙度符号

（1）调用表面粗糙度符号命令。通常情况下该命令项不会打开，更改 UG 安装文件来调用表面粗糙度符号，依次打开安装目录 C：\Program File\UGS\NX4.0\UGII，以记事本方式打开 ugii_env.dat 文件，通过查找 Finish 单词可以快速查找到表面粗糙度符号命令行。

将 UGII_SURFACE_FINISH=OFF 更改为 UGII_SURFACE_FINISH=ON，保存并关闭文件，重新启动 UG。

（2）标注表面粗糙度符号。在制图模块中执行"插入"→"符号"→"表面粗糙度符号"命令，在对话框中选择"基本符号"，输入表面粗糙度数值，定义放置形式为"在边上创建"，选择放置边，最后单击确切的放置位置。

至此完成工程图的创建，单击"确定"按钮，保存文件。

四、练习与实训

1. 根据图 4-73 所示的图形建立模型，并用制图模块生成工程图。

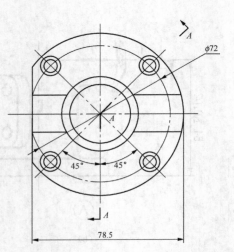
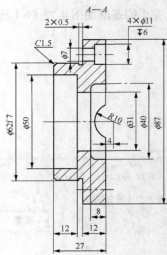

图4-73 题1图

2. 根据图 4-74 所示的图形建立模型，并用制图模块生成工程图。

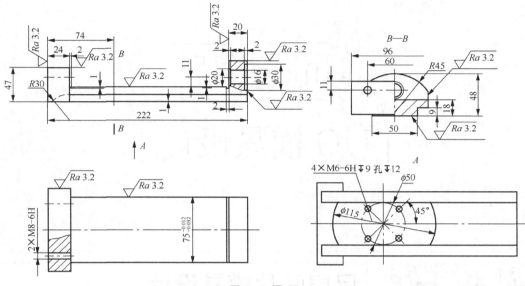

图4-74　题2图

3. 根据图 4-75 所示的图形建立模型，并用制图模块生成工程图。

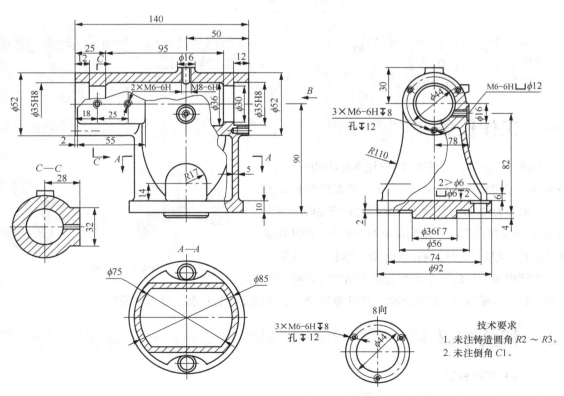

技术要求
1. 未注铸造圆角 R2 ～ R3。
2. 未注倒角 C1。

图4-75　题3图

项目五
| UG 模具设计 |

任务一 风扇叶片模具设计

【学习目标】

1. 掌握注塑模具设计的详细流程。
2. 掌握分型面设计的步骤。
3. 掌握标准模架的选用。

4. 掌握浇注系统、顶出系统与冷却系统的设计过程。

一、工作任务

如图 5-1 所示，完成风扇叶片注塑模的设计。产品规格为 350mm × 335mm × 51mm；产品壁厚最大为 3mm，最小为 2mm；材料为 ABS+PC；产品收缩率为 0.004 5；单腔模布局；产量为每年 15 000 个；产品外部表面光滑，无明显制件缺陷，如翘曲、缩痕、凹坑等。

注塑模具设计的整个流程包括产品设计任务、项目初始化、分模设计、模架加载、浇注系统设计、顶出系统设计和冷却系统设计。

图5-1 风扇叶片

二、相关知识

1. 注塑模具概述

模具设计的一般流程如图 5-2 所示。

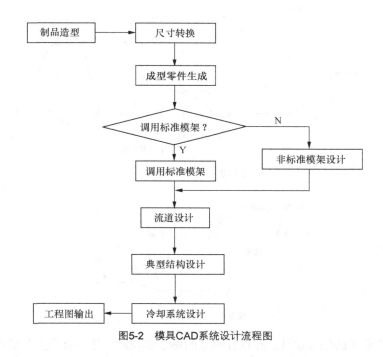

图5-2 模具CAD系统设计流程图

（1）制品图和实样的分析与消化（制品的几何形状、尺寸、公差及设计标准等）。

（2）型腔数量的确定及型腔的排列。

（3）模具钢材的选用。

（4）分型面的确定。

（5）侧向分型与抽芯机构的确定。

（6）模架的确定与标准件的选用。

（7）浇注系统的设计。

（8）排气系统的设计。

（9）冷却系统的设计。

（10）顶出系统的设计。

（11）导向装置的设计。

（12）模具主要零件图的绘制。

（13）设计图纸的校对。

（14）设计图纸的会签。

2. 注意事项

一副模具的成功与否，关键在于模具设计标准的应用和模具设计细节的处理是否正确。因此，接下来对模具设计中应用的标准和细节处理进行必要的讲解。

（1）分型面注意事项。设计分型面时需要注意做锁模需有 R 角间隙，如图 5-3 所示。分型面中有斜面与平面相接时，要做 R 圆角处理，如图 5-4 所示。

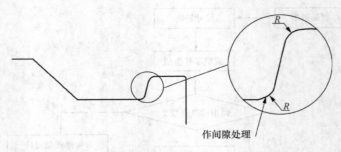

图 5-3　做 R 圆角间隙

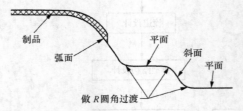

图 5-4　做 R 圆角过渡

（2）符合工艺要求的细节设计。在设计模具的细节部位时，还应符合工艺要求，如排气槽的设计、开模槽的设计、模板间的间隙、倒角处理及滑块与斜导柱的抽芯距等，如图 5-5～图 5-8 所示。

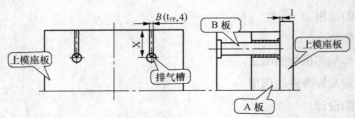

图 5-5　在上模座板开排气槽

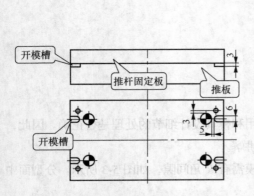

图 5-6　在推板、推杆固定板之间做开模槽

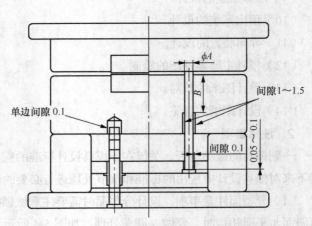

图 5-7　模板之间的取值与倒角处理

（3）滑块的主要结构。滑块机构是用于产品侧向脱模的装置，它主要有斜导柱滑块和拖拉式滑块两种结构类型。这两种滑块结构的设计应注意的细节如图 5-9、图 5-10 所示。

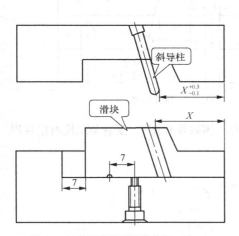

图5-8　抽芯滑块和斜边参数需一致

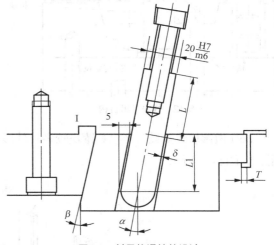

图5-9　斜导柱滑块的设计

（4）斜顶的设计标准。斜顶的设计标准有两种，一种是斜顶头做成镶块形式，且斜顶底部做成 T 形槽，如图 5-11 所示；另一种是推件板与推块同为模具顶出部件。

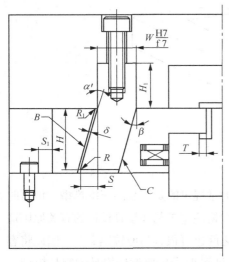

图5-10　拖拉式滑块的设计

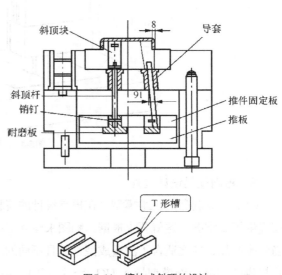

图5-11　镶块式斜顶的设计

（5）推件板与推块的设计。推件板与推块同为模具顶出系统的重要顶出部件类型。为了保证制品能顺利推出且不造成制品缺陷，在设计时需要注意一些细节问题，这些细节如图 5-12、图 5-13 所示。

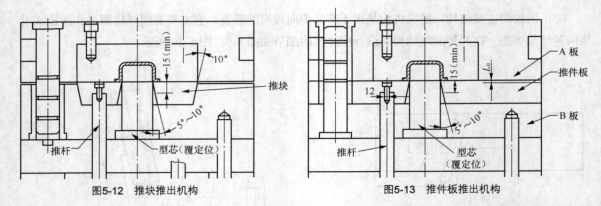

图5-12 推块推出机构　　　　　　图5-13 推件板推出机构

（6）做镶块爆炸图。当模具镶块较多且外形相似时，需作"镶块爆炸图"，以避免配模时出现混淆，如图5-14所示。

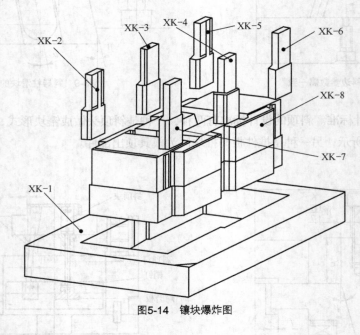

图5-14 镶块爆炸图

3. 塑料模具设计过程

（1）建立制品的三维模型。在模具设计的流程中，客户通常提供的是制品的三维模型，但有时仅提供了二维图，这就要求根据二维图来建立三维模型，并根据注塑工艺和模具设计的有关原则适当修改产品，使之适合于注塑成型，而且不同的 CAD 系统之间也可很容易地转换文件。因此将客户提供的制品三维模型导入 UG 8.5 系统中，适当修改后，即可形成将要设计模具的制品模型，如图 5-15 所示。

（2）定义模具坐标系。UG 8.5 采用的是工作坐标系统（Work Coordinate System，WCS）。为了后续模具结构设计方便，通常将坐标原点定义在模架动、定模板接触面的中心，坐标主平面（XY平面）定义在分型面上，Z 的正方向指向定模侧，即模具开模方向。模具开模方向如图 5-16 所示。

图5-15 手机外壳制品模型   图5-16 模具开模方向

（3）制品收缩率。从模具中取出的成型制品的温度高于常温，需经过数小时甚至几十小时才能冷却至常温，制品的尺寸会随着冷却而收缩，因此模具尺寸都需要加上收缩率的尺寸，才能使成型制品达到要求的尺寸，收缩率的大小会因材料的性质或者填充料等的配合而改变。制品的放大可通过"缩放体"对话框来实现，如图5-17所示。

其中"类型"用于设定制品放大比例的方式，"体"用于指定制品，"缩放点"用于为设定比例选取一个参考点，"比例因子"用于规定制品放大的比例系数，本例采用统一的收缩率1.006。

（4）定义成型工件。成型工件（Work Piece）就是模具中的成型部分，是一个包括型芯和型腔的材料块。在这里成型工件并不需要很精确地定义，只是为了下一步分型方便。精确的工件结构与尺寸可在模架与典型结构设计完成后再设计。具体操作是首先定义一个长方体实体，然后通过平移等变换操作将制品模型定位在工件实体中的适当位置。本例定义好的成型工件如图5-18所示。

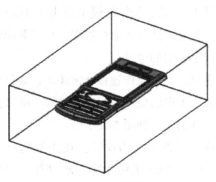

图5-17 通过"缩放体"对话框设定收缩率   图5-18 成型工件

（5）成型零件的设计过程。模具成型零部件是注塑模具设计中最关键、最复杂的一步。在定义好成型镶件的基础上，首先通过布尔运算挖出镶件内的型腔（用成型镶件减去制品模型）。为使成型

后的制品能从模具空腔中取出，模具必须分模，模具分成动模侧和定模侧两部分，此分界面称为分模面。

　　在通用的 CAD 系统中，由于没有分模面定义的辅助工具，因此必须利用系统的曲面造型功能根据制品的特点自行构造分模所需的复杂曲面。经过造型创建的分模曲面如图 5-19 所示。

图5-19　通过造型创建的分模曲面

　　（6）型腔布局。型腔布局就是确定模具中型腔的数目及排列情况。通过"变换"对话框（见图 5-20）的"刻度尺""通过一直线镜像""矩形阵列""圆形阵列""通过一平面镜像""点拟合"等功能对成型镶件进行操作，可以实现型腔的布局。本例为一模两腔布局形式，布局完成的结果如图 5-21 所示。

图5-20　"变换"对话框

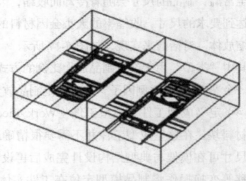

图5-21　型腔布局结果

　　（7）模架设计。查阅手册可以选择合理的模架类型和参数系列，根据所选的系列数据为模架中的所有零件组件一一造型（包括定模板、动模板、动模垫板、动模座板、顶出板、顶出固定板、导柱及导套等）。在所有的零件模型均建立好以后，需要进行装配设计。装配设计利用 CAD 系统的配合、对齐、角度、插入等命令实现。如果装配较复杂，可以先装配部分零件，完成后再装配部件，这样可以减小装配的难度。

　　显而易见，上述操作过程非常烦琐，设计效率十分低下，因此，现在很多企业都在 CAD 系统上开发了适用于自己公司的标准模架库，可以直接调用。本例是从 UG 8.5 系统 Mold Wizard 模架库中调用的标准模架，如图 5-22 所示。

　　（8）典型零件与结构设计。在注塑模中，典型零件与结构设计包括定位圈、主流道衬套、浇口、顶杆、斜抽芯机构和冷却水道等。与模架中各零件的设计类似，首先要查阅手册选择合理的零件类型和参数系列，然后根据所选的系列数据为零件造型，造型好的零件通过装配设计来与模架配合，修剪长度，创建装配需要的孔等。通过上述步骤，最终形成的模具装配体如图 5-23 所示。

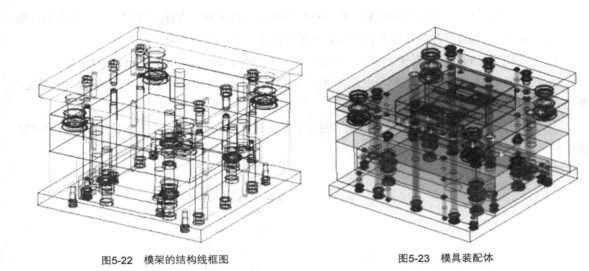

图5-22　模架的结构线框图　　　　　　　　图5-23　模具装配体

三、任务实施

1. 初始化项目

（1）加载产品。在产品模型初始化项目中，UG NX 8.5 与旧版本的区别是，UG NX 8.5 必须在打开的模型文件中显示实体模型。因此，产品的加载是初始化项目过程中不可缺少的重要步骤。其操作步骤如下。

① 启动 UG NX 8.5，进入基本环境界面。

② 在"标准"工具条上执行"开始"→"所有应用模块"→"建模"命令，载入建模模块，接着调入"特征"工具条、"曲面"工具条、"曲线"工具条等。

③ 在"标准"工具条上执行"开始"→"所有应用模块"→"注塑模向导"命令，载入 Mold Wizard 模块。

④ 单击"标准"工具条上的"打开"按钮，弹出"开放的"对话框，如图 5-24 所示。

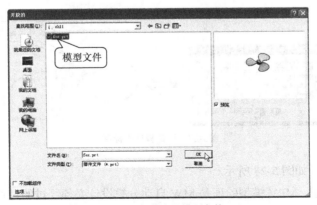

图5-24　加载产品模型文件

（2）初始化项目。产品模型加载后，即可执行初始化项目进程，在此进程中可进行更改项目路径、重命名项目、选择产品材料以及设置项目单位等操作。其操作步骤如下。

① 在"注塑模向导"工具条上单击"初始化项目"按钮，弹出"初始化项目"对话框。

② 在对话框的"材料"下拉列表中选择 ABS+PC，保留对话框中的其他默认设置，单击"确定"按钮，进入初始化项目进程，如图 5-25 所示。

③ 经过一段时间的初始化项目过程后，完成了模具总装配体的克隆装配，在装配导航器中可以看见模具总装配体结构，如图 5-26 所示。

图5-25　选择产品材料

图5-26　模具总装配体结构

2. 分模设计

（1）模具设计准备过程。模具设计准备过程是完成模具设计的前期阶段，也是极为重要的设计阶段。模具设计准备过程包括设置模具坐标系、创建自动工件和模腔布局。

由于风扇叶片模具为单模腔设计，所以不再设计模腔布局了。

① 设置模具坐标系，如图 5-27 所示。

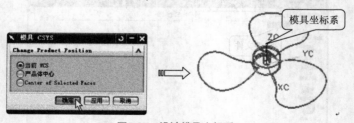

图5-27　设计模具坐标系

② 创建自动工件，如图 5-28 所示。

（2）MPV 模型验证。MPV 模型验证是 MW 自动分模设计必须经过的过程，否则后续的分模设计将无法进行，操作步骤如图 5-29 所示。

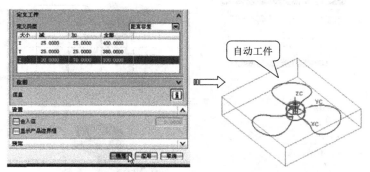

图5-28　创建自动工件

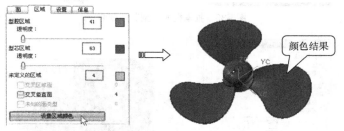

图5-29　设置产品区域颜色

（3）主分型面设计。风扇叶的主分型面最好做成碰穿形式，可精确定位模具，并有助于减少开模动作部件之间的摩擦。

① 创建条带曲面。

② 创建拉伸曲面。

③ 拉伸曲面拔模处理。

④ 创建延伸曲面。

⑤ 创建另外两片风扇叶的碰穿面。

⑥ 完成主分型面的创建。

⑦ 完成 MPV 模型验证。

（4）抽取区域面及自动补孔。产品的 MPV 模型验证完成后，接着可以抽取型芯、型腔区域面和自动修补模型的破孔。

① 抽取型芯、型腔区域面，如图 5-30 所示。

② 自动修补破孔，如图 5-31 所示。

（5）创建型腔和型芯。虽然前面创建了主分型面，但它并不是 MW 默认的分型面，因此还要创建 MW 分型面，然后才能自动分割出型腔和型芯。

① 创建 MW 默认的分型面，如图 5-32 所示。

② 创建型腔和型芯，如图 5-33 所示。

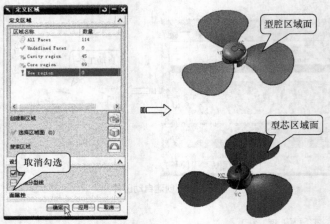

图5-30　抽取型腔、型芯区域面

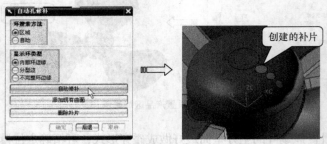

图5-31　自动修补产品破孔

图5-32　创建MV默认分型面

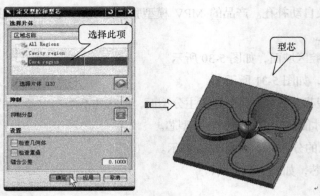

图5-33　创建出的型芯

3. 加载模架

由于产品并无侧凹、侧孔、倒扣等复杂特征，因此，模架结构可采用简单的二板模，即不要支承板、卸料板。

（1）选用模架。模架的选用是根据具有国家标准的龙记模架系列来确定的。鉴于本产品模型较大，所以选用的是龙记大水口模架，如图5-34所示。

（2）调整模腔。由于"模架管理"对话框无模架的平移变换功能，所以只能调整模腔。调整模腔过程包括重定义模具坐标系和编辑工件的参数，如图5-35所示。

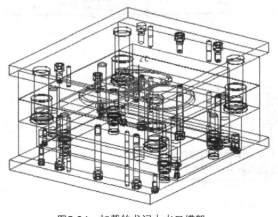

图5-34 加载的龙记大水口模架

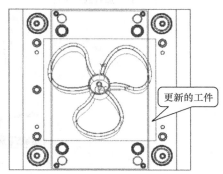

图5-35 调整模腔后的工件

（3）创建空腔。模架加载后，为了便于后续设计，需先创建出模腔在动、定模板上的空腔，如图5-36所示。

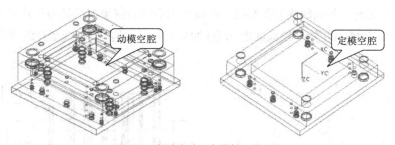

图5-36 创建在动、定模板上的空腔

4. 创建浇注系统

风扇叶片模具的浇注系统组件包括主流道、分流道和浇口。但由于模具采用的是单点浇口进料，因此不设分流道。

（1）创建主流道。模具的主流道主要为标准件浇口衬套，同时加载用于定位注射机机嘴的定位环标准件。

① 加载定位环，如图5-37所示。

② 加载浇口衬套，如图5-38所示。

（2）创建浇口。单腔模的浇口多数情况下采用单点浇口或潜浇口，本例模具采用单点浇口形式，如图 5-39 所示。

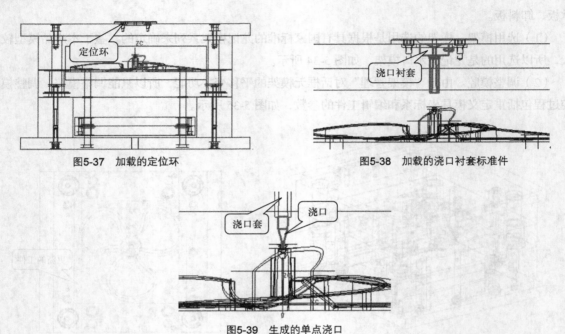

图5-37　加载的定位环　　　　　　　　　　　图5-38　加载的浇口衬套标准件

图5-39　生成的单点浇口

（3）创建流道与浇口空腔。使用"注塑模向导"工具条上的"腔体"工具在模具定模部分创建浇注系统组件的空腔。

5．创建顶出系统

因为本例产品无内、外侧凹或侧孔特征，所以顶出系统的创建仅仅是加载并修剪顶杆。

（1）加载顶杆。为使制件能平稳地推出，顶杆的分布应尽量均匀。加载顶杆的操作步骤如图 5-40 所示。

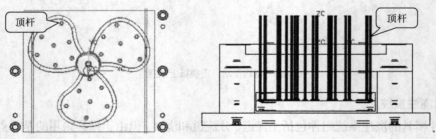

图5-40　在型芯上加载的顶杆

（2）修剪顶杆。顶杆标准件加载以后，需要将其修剪成型芯部件上的一部分形状，使产品内部保持原有形状。操作如图 5-41 所示。

（3）创建顶杆的空腔。使用"注塑模向导"工具条上的"腔体"工具，选择型芯、动模板和推件固定板作为目标体，选择所有的顶杆作为工具体，创建出顶杆的空腔。

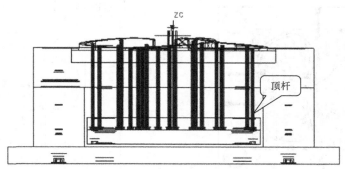

图5-41 完成修剪的所有顶杆

6. 创建冷却系统

本例注塑模具的冷却系统分别创建在模具的定模部分和动模部分。

（1）创建定模部分冷却系统。定模部分冷却管道主要由型腔冷却管道和定模板冷却管道构成。

① 型腔冷却管道的设计如图 5-42 所示。

② 定模板冷却管道的设计如图 5-43 所示。

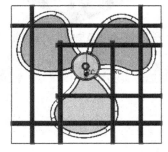

图5-42 型腔冷却管道设计

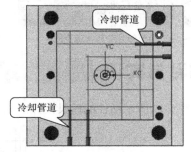

图5-43 定模板冷却管道设计

（2）创建动模部分冷却管道。动模部分冷却管道也由型芯冷却管道和动模板冷却管道构成。

① 型芯冷却管道的设计如图 5-44 所示。

② 动模板上冷却管道的设计如图 5-45 所示。

（3）创建冷却管道空腔。在创建冷却管道空腔时，应先创建型腔和型芯（已创建）上的空腔，然后才能创建动、定模板上的冷却管道空腔。

使用"注塑模向导"工具条上的"腔体"工具在模具定模部分创建的空腔如图 5-46 所示。在模具动模部分创建的空腔如图 5-47 所示。

最终设计完成的风扇叶片模具如图 5-48 所示。

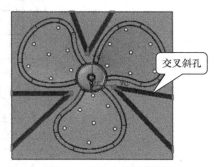

图5-44 型芯冷却管道设计

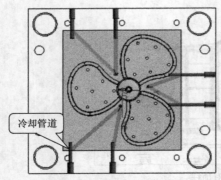

图5-45　动模板冷却管道设计

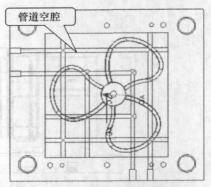

管道空腔

图5-46　定模部分冷却管道空腔

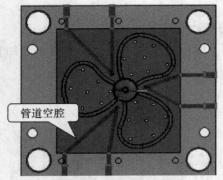

管道空腔

图5-47　动模部分冷却管道空腔

图5-48　风扇叶片注塑模具

四、练习与实训

完成如图 5-49 所示塑件的模具设计。

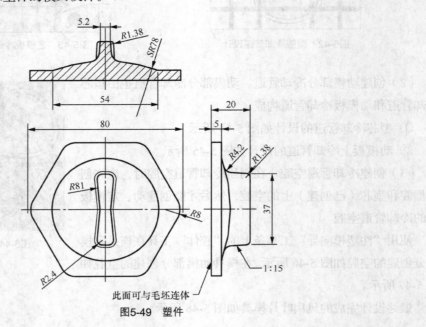

5.2
R1.38
SR78
54
80
R81
R2.4
20
5
R4.2
R1.38
37
R8
1:15
此面可与毛坯连体
图5-49　塑件

电器面壳模具设计

【学习目标】

1. 掌握注塑模具设计的详细流程。
2. 掌握分型面设计的步骤。
3. 掌握标准模架的选用。
4. 掌握浇注系统、顶出系统与冷却系统的设计过程。
5. 掌握破孔的修复方法。

一、工作任务

完成图 5-50 所示的电器面壳的注塑模具设计。产品规格为 97mm×72mm×44.5mm；产品壁厚为最大 3mm，最小 2mm；产品材料为 PC；产品收缩率为 0.004 5；一模两腔布局；产量为 20 000 个/年；表面光洁度无要求，无明显制件缺陷。

图5-50　电器面壳

注塑模具设计的整个流程包括产品设计任务、项目初始化、分模设计、模架加载、浇注系统设计、顶出系统设计和冷却系统设计。

二、任务实施

1. 项目初始化

项目初始化过程是 Mold Wizard 克隆模具装配体结构的复制过程。产品的初始化项目过程包括加载产品和初始化项目。

（1）加载产品。模具设计之初，在初始化项目前，必须先加载模型，否则不能进行后续设计。模型加载的操作步骤如下。

① 启动 UG NX 8.5，进入基本环境界面中。

② 在"标准"工具条上执行"开始"→"所有应用模块"→"建模"命令，载入建模模块，接着调入"特征"工具条、"曲面"工具条、"曲线"工具条等。

③ 在"标准"工具条上执行"开始"→"所有应用模块"→"注塑模向导"命令，载入 Mold Wizard 模块。

④ 单击"标准"工具条上的"开放的"按钮，弹出"开放的"对话框。打开产品模型文件，如图 5-51 所示。

（2）初始化项目。产品模型加载后，即可执行初始化项目进程操作，在此进程中可进行更改项目路径、重命名项目、选择产品材料以及设置项目单位等操作。其操作步骤如下。

① 在"注塑模向导"工具条上单击"初始化项目"按钮，弹出"初始化项目"对话框。

② 在对话框的"材料"下拉列表中选择 PC，保留对话框中的其他默认设置，单击"确定"按钮进入初始化项目进程，如图 5-52 所示。

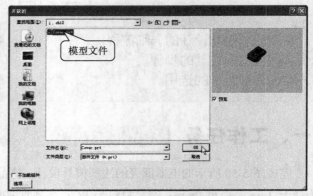

图5-51　加载产品模型文件

③ 经过一段时间的初始化项目过程后，完成模具总装配体的克隆装配，初始化项目的模型如图 5-53 所示。

图5-52　选择产品材料

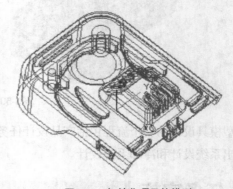

图5-53　初始化项目的模型

2. 分模设计

产品的分模设计过程包括模具设计准备过程、MPV 模型验证、主分型面设计、抽取区域面、修补破孔和创建型腔与型芯 6 个设计过程。

（1）准备过程。模具设计准备过程是完成模具设计的前期阶段，也是极为重要的设计阶段。模具设计准备过程包括设置模具坐标系、创建自动工件和创建模腔布局。

① 设置模具坐标系。选取当前 WCS 作为模具坐标系，如图 5-54 所示。

② 创建自动工件。根据产品尺寸，自动创建工件，输入矩形工件（即毛坯）的尺寸大小，如图 5-55 所示。

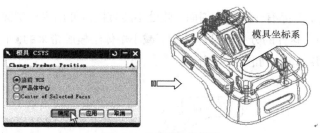

图5-54 设置模具坐标系

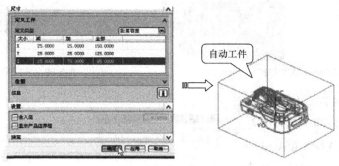

图5-55 创建自动工件

③ 创建模腔布局。根据产品尺寸设计与生产任务，设置型腔布局为一模两腔，并自动调整模具坐标系至型腔中心，此时要特别注意进浇位置，确保进浇位置相同，保证塑料熔体同时充满型腔，如图 5-56 所示。

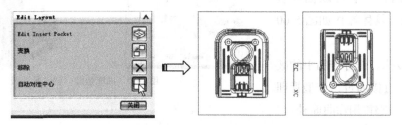

图5-56 调整模具坐标系至模腔中心

（2）MPV 模型验证。MPV 模型验证是模具自动分型的一个重要而不可少的过程。它的主要作用是修改产品和为后续的抽取区域面做分析准备。操作时分别将属于型芯区域和型腔区域的部分设置为同一颜色，以区别型芯与型腔。如图 5-57 所示。

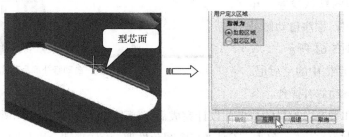

图5-57 重新指派区域面

（3）主分型面设计。产品有一端面为斜面，此处不能直接拉伸出主分型面，需要先延伸该斜面，然后才拉伸出主分型面，这样的分型面设计是为了减小熔体给模腔带来的侧向压力。

① 创建拉伸曲面并修剪，如图 5-58 所示。

图5-58 创建拉伸曲面并修剪

 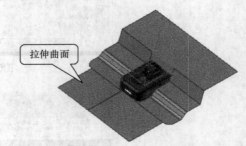

图5-59 创建完成的主分型拉伸曲面

② 拉伸主分型曲面。依次选取产品轮廓边缘，采用拉伸工具完成主分型曲面的创建，注意拉伸距离应足够大，曲面拉伸完成后，对各个面进行缝合，以创建主分型面，如图 5-59 所示。

（4）抽取区域面。产品的 MPV 模型验证完成后，接着可以抽取型芯、型腔区域面。具体操作如图 5-60 所示。

（5）修补破孔。修补产品中的破孔较为简单，可直接通过"分型管理器"对话框中的"创建/删除曲面补片"工具来完成。其操作步骤如下。

① 在"分型管理器"对话框中单击"创建/删除曲面补片"按钮，弹出"自动孔修补"对话框。

② 保留对话框的默认设置，单击"自动修补"按钮，程序自动修补产品中的破孔，如图 5-61 所示。

③ 最后单击对话框中的"后退"按钮，完成破孔的自动修补操作。

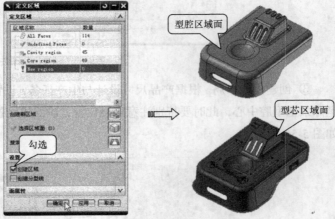

图5-60 抽取型腔、型芯区域面

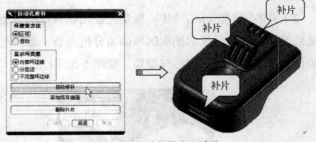

图5-61 自动修补产品破孔

（6）创建型腔和型芯。模具的分模面设计完成后，接下来自动创建型腔和型芯，创建型腔和型芯后，为了减小塑料熔体的流动阻力，还要进行倒圆角处理。操作步骤分别如图 5-62～图 5-64 所示。

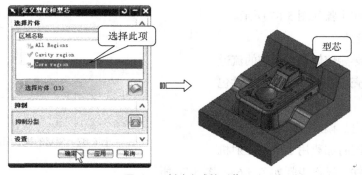

图5-62 创建完成的型芯

图5-63 选择要倒圆角的边

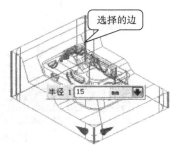

图5-64 创建圆角特征

3. 模架设计

一般来说，对于分型面不平直且为侧面进胶的模具，最好选择无支承板的 C 型模架。由于主流道较深，因此本例模具将选用龙记大水口 CH 型无托直身模架。

（1）加载模架。通常，模架的选用是根据具有国家标准的龙记模架系列来确定的。本项目选用的是龙记大水口模架。加载模架的操作步骤如图 5-65 所示。

（2）创建空腔。模架加载后，要创建出模腔在动、定模板上的空腔，以便于后续的其他设计操作。创建模腔空腔的操作步骤如图 5-66 所示。

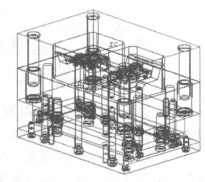

图5-65 加载的龙记大水口模架

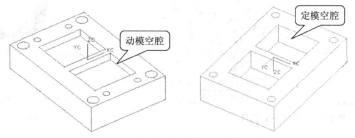

图5-66 在动、定模板上创建的空腔

（3）创建模板间隙（避空）。在模腔和模板之间创建间隙（避空），是为了便于加工制造和模具

的装配、拆卸。操作步骤如图 5-67 所示。

4. 浇注系统设计

浇注系统是引导融熔体进入模腔的流道
通道系统。电器面壳模具的浇注系统组件包
括主流道、分流道、浇口和空腔。

（1）创建主流道。模具的主流道主要为
标准件浇口衬套，同时加载用于定位注射机
机嘴的定位环标准件。操作步骤如图 5-68～图 5-70 所示。

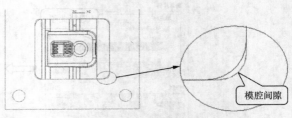

图5-67　创建的模腔间隙

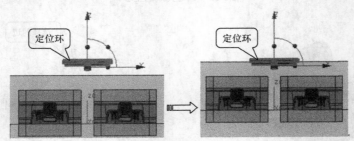

图5-68　定位环平移结果

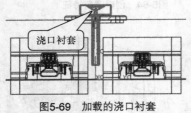

图5-69　加载的浇口衬套

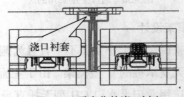

图5-70　重定位的浇口衬套

（2）创建分流道。因为本模具的模腔布局为一模两腔，且设计为单浇口侧面进胶，所以分流道
采用较为常见的 S 型。操作步骤如图 5-71 所示。

（3）创建浇口。为配合分流道，本例模具采用点浇口类型。此类浇口具有流速快、浇注时间少
等优点，适用于较小产品。其操作步骤如图 5-72 所示。

图5-71　生成流道特征

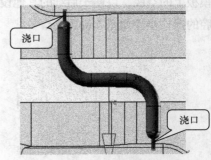

图5-72　生成的点浇口

（4）创建空腔。使用"注塑模向导"工具条上的"腔体"工具在模具定模、型腔部件中创建出
浇注系统组件的空腔。

浇口的空腔只能创建在型腔上，若分流道横截面为半圆形，则在型腔和定模板上创建空腔。若为圆形，可同时在型芯、型腔以及动、定模板上创建。

5. 顶出系统设计

产品中有外侧孔和内部倒扣特征，这需要创建侧向抽芯机构和斜顶脱模机构。

（1）侧向抽芯机构设计。由于是一模两腔平衡设计，因此，创建一模腔的侧向抽芯机构后，另一模腔也随之创建。侧向抽芯机构设计主要分为 3 个过程：创建滑块头、加载滑块标准件、创建空腔。其具体操作步骤如图 5-73～图 5-77 所示。

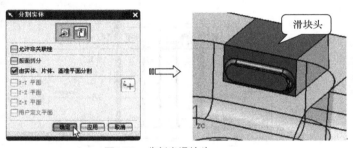

图5-73 分割出滑块头

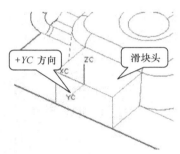

图5-74 确定参照坐标系

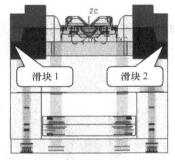

图5-75 加载完成的滑块机构

图5-76 选择链接复制对象

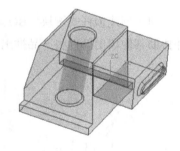

图5-77 合并后的滑块

（2）斜顶脱模机构设计。斜顶脱模机构设计也就是加载浮生销标准件、修剪浮生销标准件以及创建空腔。其具体操作步骤如图 5-78、图 5-79 所示。

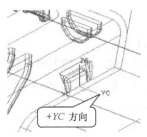

图5-78 确定参照坐标系

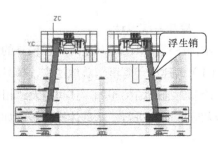

图5-79 加载的浮生销

（3）加载顶杆。本例模具的顶杆包括流道顶杆和顶出产品的顶杆，其类型均为直顶杆。其具体操作步骤如图 5-80～图 5-82 所示。

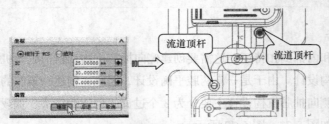

图5-80　加载第2、第3根流道顶杆

图5-81　设置顶杆参考点

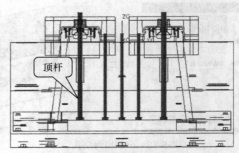

图5-82　加载完成的顶杆

（4）创建顶杆式镶块。BOSS 柱特征可以作成镶块进行拆分，同时此镶块又能作为顶出部件，并协助其他顶出部件将产品推出。其具体操作步骤如图 5-83～图 5-85 所示。

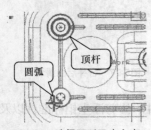

图5-83　选择圆弧及中心点

图5-84　加载完成的顶杆

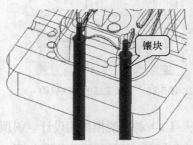

图5-85　修剪完成的顶杆式镶块

6. 冷却系统设计

本例注塑模具的冷却系统将在模具的模板和模腔上同时创建。

（1）创建冷却管道。总地说来，模具的冷却管道按模腔（型芯和型腔）的高度分可分为 3 层。每层冷却管道的结构相同，且间距大致相等。因此，只介绍第 1 层冷却管道的创建方法，第 2、第 3 层冷却管道照此进行。其具体操作步骤如图 5-86～图 5-89 所示。

图5-86 选择管道进出口类型

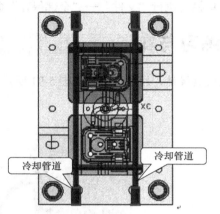

图5-87 生成动模板冷却管道

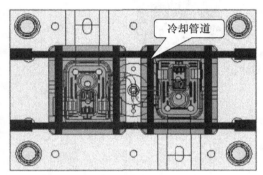

图5-88 创建的第2层冷却管道

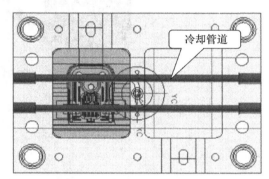

图5-89 创建的第3层冷却管道

（2）创建冷却管道空腔。在创建冷却管道空腔时，应先创建型腔和型芯（已创建）上的空腔，然后才能创建动、定模板上的冷却管道空腔。使用"注塑模向导"工具条上的"腔体"工具在模具动、定模板以及型芯、型腔上创建冷却管道空腔。

至此，本项目电器面壳注塑模具已设计完成，如图 5-90 所示。

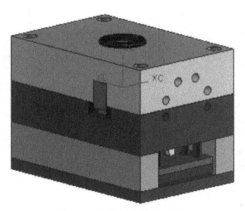

图5-90 电器面壳注塑模具

在菜单栏上执行"文件"→"全部保存"命令，保存电器面壳注塑模具的所有参数及信息。

三、练习与实训

完成模具设计，尺寸自定，如图 5-91 所示。

图5-91　模具设计

项目六

| UG CAM |

任务一　支座零件加工

【学习目标】

1. 掌握创建型腔铣操作。
2. 掌握剩余铣加工操作。
3. 掌握平面铣加工、孔加工操作。
4. 掌握仿真及后处理输出。

一、工作任务

完成图 6-1 所示零件的编程、仿真及后处理操作。

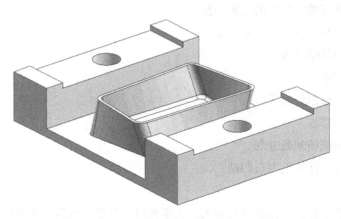

图6-1　支座零件

二、相关知识

1. 数控加工概述

数控加工（Numerical Control Machining）是指在数控机床上进行零件加工的一种工艺方法，数控机床加工与传统机床加工的工艺规程从总体上说是一致的，但也发生了明显的变化。它是用数字信息控制零件和刀具位移的机械加工方法，是解决零件品种多变、批量小、形状复杂、精度高等问题和实现高效化和自动化加工的有效途径。

2. 基本过程

数控加工就是泛指在数控机床上进行零件加工的工艺过程。数控机床是一种用计算机来控制的机床。用来控制机床的计算机，不管是专用计算机，还是通用计算机，都统称为数控系统。数控机床的运动和辅助动作均受控于数控系统发出的指令。而数控系统的指令是由程序员根据工件的材质、加工要求、机床的特性和系统规定的指令格式（数控语言或符号）编制的。数控系统根据程序指令向伺服装置和其他功能部件发出运行或中断信息来控制机床的各种运动。当零件的加工程序结束时，机床便会自动停止。任何一种数控机床，在其数控系统中若没有输入程序指令，数控机床就不能工作。

机床的受控动作大致包括机床的起动、停止；主轴的启停、旋转方向和转速的变换；进给运动的方向、速度和方式；刀具的选择、长度和半径的补偿；刀具的更换；冷却液的开起、关闭等。

3. 加工工艺

数控加工程序编制方法有手工（人工）编程和自动编程之分。手工编程是指程序的全部内容是由人工按数控系统规定的指令格式编写的。自动编程即计算机编程，可分为以语言和以绘画为基础的自动编程方法。但是，无论采用何种自动编程方法，都需要有相应配套的硬件和软件。

可见，实现数控加工编程是关键。但光有编程是不行的，数控加工还包括编程前必须做的一系列准备工作及编程后的善后处理工作。一般来说，数控加工工艺主要包括以下内容。

（1）选择并确定进行数控加工的零件及内容。

（2）对零件图纸进行数控加工的工艺分析。

（3）数控加工的工艺设计。

（4）对零件图纸的数学处理。

（5）编写加工程序单。

（6）按程序单制作控制介质。

（7）程序的校验与修改。

（8）首件试加工与现场问题处理。

（9）数控加工工艺文件的定型与归档。

4. 零件装夹

（1）定位安装的基本原则。在数控机床上加工零件时，定位安装的基本原则是合理选择定位基准和夹紧方案。在选择时应注意以下几点。

① 力求设计、工艺和编程计算的基准统一。

② 尽量减少装夹次数，尽可能在一次定位装夹后，加工出全部待加工表面。

③ 避免采用占机人工调整式加工方案，以充分发挥数控机床的效能。

（2）选择夹具的基本原则。数控加工的特点对夹具提出了两个基本要求：一是要保证夹具的坐标方向与机床的坐标方向相对固定；二是要协调零件和机床坐标系的尺寸关系。除此之外，还要考虑以下几点。

① 当零件加工批量不大时，应尽量采用组合夹具、可调式夹具及其他通用夹具，以缩短生产准备时间、节省生产费用。

② 只有成批生产时，才考虑采用专用夹具，并力求结构简单。

③ 零件的装卸要快速、方便、可靠，以缩短机床的停顿时间。

④ 夹具上各零部件应不妨碍机床对零件各表面的加工，即夹具要开敞，其定位、夹紧机构元件不能影响加工中的走刀（如产生碰撞等）。

5. 加工误差

数控加工误差$\Delta_{数加}$由编程误差$\Delta_{编}$、机床误差$\Delta_{机}$、定位误差$\Delta_{定}$、对刀误差$\Delta_{刀}$等误差综合形成。即：

$$\Delta_{数加}=f(\Delta_{编}+\Delta_{机}+\Delta_{定}+\Delta_{刀})$$

（1）编程误差$\Delta_{编}$由逼近误差δ、圆整误差组成。逼近误差δ是在用直线段或圆弧段逼近非圆曲线的过程中产生的。圆整误差是在数据处理时，将坐标值四舍五入圆整成整数脉冲当量值而产生的误差。脉冲当量是指每个单位脉冲对应坐标轴的位移量。普通精度级的数控机床，一般脉冲当量值为 0.01mm；较精密数控机床的脉冲当量值为 0.005mm 或 0.001mm 等。

（2）机床误差$\Delta_{机}$由数控系统误差、进给系统误差等原因产生。

（3）定位误差$\Delta_{定}$是当工件在夹具上定位、夹具在机床上定位时产生的。

（4）对刀误差$\Delta_{刀}$是在确定刀具与工件的相对位置时产生的。

6. 刀具选择

（1）选择数控刀具的原则。刀具寿命与切削用量有密切关系。在制定切削量时，应首先选择合理的刀具寿命，而合理的刀具寿命应根据优化的目标而定。一般分最高生产率刀具寿命和最低成本刀具寿命两种，前者根据单件工时最少的目标确定，后者根据工序成本最低的目标确定。

刀具寿命可根据刀具的复杂程度、制造和磨刀成本来选择。复杂和精度高的刀具寿命应选得比单刃刀具高些。对于机夹可转位刀具，由于换刀时间短，为了充分发挥其切削性能，提高生产效率，刀具寿命可选得低些，一般取 15～30min。对于装刀、换刀和调刀等比较复杂的多刀机床、组合机床与自动化加工刀具，刀具寿命应选得高些，尤应保证刀具的可靠性。车间内某一工序的生产率限制了整个车间生产率的提高时，该工序的刀具寿命要选得低些；当某工序单位时间内分担到的全厂开支较大时，刀具寿命也应选得低些。大件精加工时，为保证至少完成一次走刀，避免切削时中途换刀，刀具寿命应按零件精度和表面粗糙度确定。与普通机床加工方法相比，数控加工对刀具提出了更高的要求，不仅需要刚性好、精度高，而且要求尺寸稳定，耐用度高，断屑和排屑性能好，同时要求安装调整方便，以满足数控机床高效率的要求。数控机床上选用的刀具常采用适应高速切削的刀具材料（如高速钢、超细粒度硬质合金）并使用可转位刀片。

（2）选择数控车削用刀具。数控车削车刀一般分为成型车刀、尖形车刀、圆弧形车刀 3 类。成型车刀也称样板车刀，其加工零件的轮廓形状完全由车刀刀刃的形状和尺寸决定。数控车削加工中，常见的成型车刀有小半径圆弧车刀、非矩形车槽刀和螺纹刀等。在数控加工中，应尽量少用或不用成型车刀。尖形车刀是以直线形切削刃为特征的车刀。这类车刀的刀尖由直线形的主副切削刃构成，如 900 内外圆车刀、左右端面车刀、切槽（切断）车刀及刀尖倒棱很小的各种外圆和内孔车刀。尖形车刀几何参数（主要是几何角度）的选择方法与普通车削基本相同，但应结合数控加工的特点（如加工路线、加工干涉等）全面考虑，并应兼顾刀尖本身的强度。

圆弧形车刀是以一圆度或线轮廓度误差很小的圆弧形切削刃为特征的车刀。该车刀圆弧刃每一点都是圆弧形车刀的刀尖，因此，刀位点不在圆弧上，而在该圆弧的圆心上。圆弧形车刀可以用于车削内外表面，特别适合于车削各种光滑连接（凹形）的成型面。选择车刀圆弧半径时应考虑两点，一是车刀切削刃的圆弧半径应小于或等于零件凹形轮廓上的最小曲率半径，以免发生加工干涉；二是半径不宜选择太小，否则不但制造困难，还会因刀尖强度太弱或刀体散热能力差而导致车刀损坏。

（3）选择数控铣削用刀具。在数控加工中，铣削平面零件内外轮廓及铣削平面常用平底立铣刀，该刀具有关参数的经验数据如下。

① 铣刀半径 R_D 应小于零件内轮廓面的最小曲率半径 R_{min}，一般取 $R_D=(0.8\sim0.9)R_{min}$。

② 零件的加工高度 $H<(1/4\sim1/6)R_D$，以保证刀具有足够的刚度。

③ 用平底立铣刀铣削内槽底部时，由于槽底两次走刀需要搭接，而刀具底刃起作用的半径 $R_e=R-r$，即直径 $d=2R_e=2(R-r)$，编程时取刀具半径为 $R_e=0.95(R_r)$。对于一些立体型面和变斜角轮廓外形的加工，常用球形铣刀、环形铣刀、鼓形铣刀、锥形铣刀和盘铣刀。

目前，数控机床上大多使用系列化、标准化刀具，对可转位机夹外圆车刀、端面车刀等的刀柄和刀头都有国家标准及系列化型号。对于加工中心及有自动换刀装置的机床，刀具的刀柄都已有系列化和标准化的规定，如锥柄刀具系统的标准代号为 TSG-JT，直柄刀具系统的标准代号为 DSG-JZ。此外，在使用选择的刀具前，都需要严格测量刀具尺寸，以获得精确数据，并由操作者将这些数据输入数据系统，经程序调用而完成加工过程，从而加工出合格的工件。

7. 确定切削用量

数控编程时，编程人员必须确定每道工序的切削用量，并以指令的形式写入程序中。切削用量包括主轴转速、背吃刀量及进给速度等。不同加工方法需要选用不同的切削用量。切削用量的选择原则是：保证零件加工精度和表面粗糙度，充分发挥刀具切削性能，保证合理的刀具耐用度，并充分发挥机床的性能，最大限度提高生产率，降低成本。

（1）确定主轴转速。主轴转速应根据允许的切削速度和工件（或刀具）直径来选择。其计算公式为

$$n=\frac{1000v}{\pi D}$$

式中，v 表示切削速度，单位为 m/min，由刀具的耐用度决定；n 表示主轴转速，单位为 r/min；D 表示工件直径或刀具直径，单位为 mm。计算出主轴转速 n 后，选取与计算值较接近的转速作为最终选定值。

（2）确定进给速度。进给速度是数控机床切削用量中的重要参数，主要根据零件的加工精度和表面粗糙度要求以及刀具、工件的材料性质选取。最大进给速度受机床刚度和进给系统的性能限制。确定进给速度的原则是：当工件的质量要求能够得到保证时，为提高生产效率，可选择较高的进给速度，一般在 100～200mm/min 范围内选取；在切断、加工深孔或用高速钢刀具加工时，宜选择较低的进给速度，一般在 20～50mm/min 范围内选取；当加工精度、表面粗糙度要求高时，进给速度应选小些，一般在 20～50mm/min 范围内选取；刀具空行程时，特别是远距离"回零"时，可以选择该机床数控系统设定的最高进给速度。

（3）确定背吃刀量。背吃刀量根据机床、工件和刀具的刚度确定，在刚度允许的条件下，应尽可能使背吃刀量等于工件的加工余量，这样可以减少走刀次数，提高生产效率。为了保证加工表面的质量，可留少量精加工余量，一般为 0.2～0.5mm，总之，切削用量的具体数值应根据机床性能、相关的手册并结合实际经验用类比方法确定。同时，应使主轴转速、切削深度及进给速度三者能相互适应，以形成最佳切削用量。切削用量不仅是机床调整前必须确定的重要参数，而且其数值合理与否对加工质量、加工效率、生产成本等有非常重要的影响。所谓"合理的"切削用量，是指充分利用刀具切削性能和机床动力性能（功率、扭矩），在保证质量的前提下，获得高的生产率和低的加工成本的切削用量。

三、任务实施

1. 工艺流程分析

由图 6-1 可知，零件中间有内外扭曲的薄壁，其余各面均为平直面，两侧平台有两个盲孔。确定该零件的工步及刀具如表 6-1 所示。

表 6-1　　　　　　　　工步及其刀具

工步	刀具型号	加工方法	加工余量	步距	主轴速度	进给率	加工范围
1	$D12R2$	型腔铣	1	2.5	1 800	1 500	开粗
2	$D10R1.5$	剩余铣	0.5	1.5	2 500	1 200	半精铣
3	$D12$	表面铣	0	1	3 000	800	平面精铣
4	$D10$	等高轮廓铣	0	0.25	2 500	500	孔精铣
5	R8 球头刀	外形轮廓铣	0		3 000	1 500	扭曲侧壁精铣
6	R1 球头刀	外形轮廓铣	0	0.1	5 000	500	扭曲侧壁清角

注：直径 10mm 以上的刀具，长度设置为 120mm，8mm 和 1mm 的刀具长度设为 90mm。

2. 支座零件粗加工

其操作步骤如下。

① 在"标准"工具栏中执行"开始"→"加工"命令，弹出"加工环境"对话框。在该对话框的"要创建的 CAM 设置"列表框中选择 mill_contour，然后单击"确定"按钮，程序自动进入加工环境。

② 单击"插入"工具栏中的 刀具(T)... 按钮，弹出"创建刀具"对话框，选择"刀具子类型"并输入刀具名称 D12R2，如图 6-2 所示。

③ 单击"确定"按钮，弹出"铣刀-5 参数"对话框，设置"尺寸"和"数字"参数如图 6-3 所示。

④ 以同样的方法依次创建 D10R1.5、R8 球头刀、R1 球头刀。

⑤ 在操作导航器中单击鼠标右键，选择"几何视图"，双击 MCS_MILL，弹出"Mill Orient"对话框，如图 6-4 所示。该对话框给出了多种选择加工坐标系原点的方法，在此不再详述。

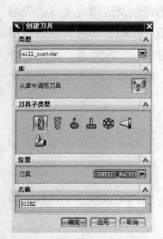
图6-2　"创建刀具"对话框

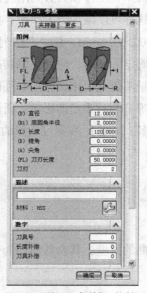
图6-3　"铣刀-5参数"对话框

图6-4　Mill Orient对话框

⑥ 在 MCS_MILL 节点下双击 WORKPIECE 项目，弹出"铣削几何体"对话框，如图 6-5 所示。单击图标，弹出"部件几何体"对话框，选择"全选"后，单击"确定"按钮。

⑦ 在"铣削几何体"对话框中单击图标，弹出"毛坯几何体"对话框，按图 6-6 设定参数后，单击"确定"按钮关闭该对话框。

⑧ 在"插入"工具栏中单击"创建操作"按钮 ，弹出"创建操作"对话框。

⑨ 在该对话框中选择 mill_contour 模板类型，按图 6-7 选择相关参数后，单击"确定"按钮，弹出"型腔铣"对话框，在"几何体"选项区中单击"指定切削区域"按钮 ，弹出"切削区域"对话框。按信息提示选择除模型 4 上侧面和底面之外的所有面作为切削加工区域。选择完成后关闭该对话框。

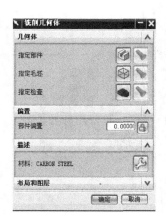

图6-5 "铣削几何体"对话框

图6-6 "毛坯几何体"对话框

图6-7 选择操作类型

⑩ 在"型腔铣"对话框"刀轨设置"选项区中选择切削方模为"跟随周边",步距为"恒定",并输入值2.5,设置全局每刀深度为1,参数如图6-8所示。

⑪ 单击"切削参数"按钮，弹出"切削参数"对话框,在"策略"选项卡中选择切削顺序为"深度优先",并勾选"岛清理"复选框,如图6-9所示。在"余量"选项卡中设置余量为1。在"空间范围"选项卡的"毛坯"选项区中选择处理中的工件为"使用3D"。单击"确定"按钮,完成切削参数设置。

图6-8 设置切削模式及步距

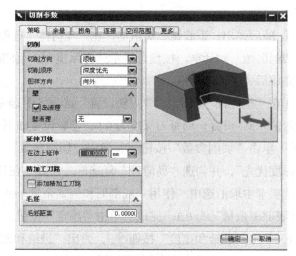

图6-9 设置切削参数

⑫ 单击"进给和速度"按钮，弹出"进给和速度"对话框,设置主轴速度为1 800,进给率为1 500,然后单击"确定"按钮关闭对话框,如图6-10所示。

⑬ 单击"生成"按钮，程序自动生成型腔粗加工刀路,如图6-11所示。

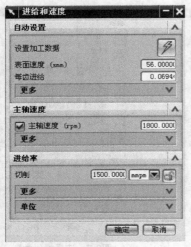

图6-10　设置进给和速度

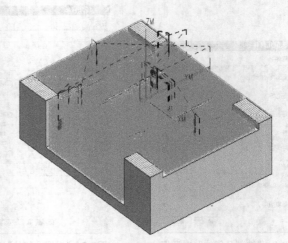

图6-11　粗加工刀路

⑭ 单击"确认"按钮，弹出"刀轨可视化"对话框，选择"2D 动态"对刀路进行模拟仿真。

3. 支座零件半精加工

支座零件半精加工操作步骤如下。

① 在"插入"工具栏中单击"创建操作"按钮，弹出"创建操作"对话框。

② 在对话框中选择操作子类型为 REST_MILLING，其他参数设置如图 6-12 所示，然后单击"确定"按钮。

③ 随后弹出"型腔铣"对话框，在"几何体"选项区中单击"指定切削区域"按钮，再弹出"切削区域"对话框。按信息提示选择除模型 4 上侧面和底面之外的所有面作为切削加工区域。选择完成后关闭该对话框。

④在"型腔铣"对话框"刀轨设置"选项区中选择切削模式为"跟随周边"，步距为"恒定"，并输入值 1.5，设置全局每刀深度为 0.5，参数设置如图 6-13 所示。

⑤ 单击"切削参数"按钮，弹出"切削参数"对话框，在"策略"选项卡中选择切削顺序为"深度优先"，并勾选"岛清理"复选框，设置"在边上延伸"为"1"，如图 6-14 所示。在"余量"选项卡中取消选中"使用'底部面和侧壁余量一致'"复选框，设置"部件侧面余量"为 0.5，"部件底部面余量"为 0.1。完成后单击"确定"按钮，完成切削参数设置。

⑥ 单击"进给和速度"按钮，弹出"进给和速度"对话框，设置主轴速度为 2 500，进给率为 1 200，然后单击"确定"按钮关闭对话框。

⑦ 单击"生成"按钮，程序自动生成等高轮廓铣半精加工刀路。

⑧ 单击"确认"按钮，弹出"刀轨可视化"对话框，选择"2D 动态"对刀路进行模拟仿真。

图6-12　选择操作类型

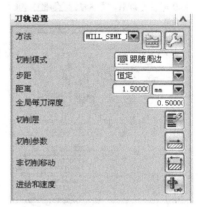

图6-13　切削模式及步距

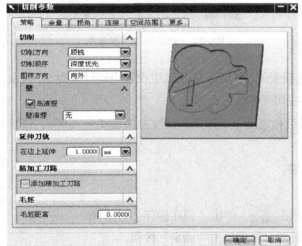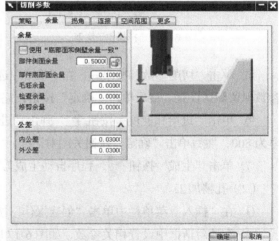

图6-14　设置切削参数

4. 支座零件精加工

根据零件表面形状的不同，可将精加工分成几个部分来完成。平面可使用表面铣；两孔的侧壁用等高轮廓铣；中间扭曲的薄壁外侧使用可变轴外形轮廓铣；内侧使用可变轴的顺序铣；最后使用清根铣对内侧进行清角处理。

（1）平面精加工。

① 在"插入"菜单栏中单击"创建操作"按钮 ，弹出"创建操作"对话框。

② 在该对话框中设置相关参数，如图6-15所示，然后单击"确定"按钮。

③ 在"平面铣"对话框的"几何体"选项区中单击"指定面边界"按钮，弹出"切削区域"对话框。按信息提示选择所有水平平面作为切削加工区域。选择完成后关闭该对话框。

④ 在"型腔铣"对话框"刀轨设置"选项区设置图6-16所示的参数。

图6-15　选择操作子类型

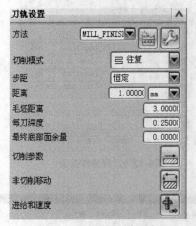

图6-16　设置切削方式及步距

⑤ 单击"切削参数"按钮，在"策略"选项卡的"毛坯"选项区中设置毛坯延展为5，其余参数保留默认设置。最后单击"确定"按钮，完成切削参数的设置。

⑥ 单击"进给和速度"按钮，弹出"进给和速度"对话框，设置主轴速度为3 000，进给率为800，然后单击"确定"按钮关闭对话框。

⑦ 单击"生成"按钮，程序自动生成刀路。

（2）孔精加工。

① 在"插入"菜单栏中单击"创建操作"按钮，弹出"创建操作"对话框。

② 在该对话框中设置相关参数，如图6-17所示，然后单击"确定"按钮。

③ 程序将弹出"深度轮廓加工"对话框，在该对话框的"几何体"选项区中单击"指定切削区域"按钮，弹出"切削区域"对话框。按信息提示选择孔内部表面作为切削区域几何体，选择完成后关闭该对话框。

④ 在"刀轨设置"选项区中设置"全局每刀深度"为0.1。

⑤ 单击"切削参数"按钮，在"策略"选项卡中选择切削顺序为"深度优先"，并勾选"在边上延伸"和"在边缘滚动刀具"复选框。在"余量"选项卡中设置部件侧面和底面余量为0。单击"确定"按钮，完成切削参数设置。

⑥ 单击"进给和速度"按钮，弹出"进给和速度"对话框，如图6-18所示。设置主轴速度为2 500，进给率为500，然后单击"确定"按钮关闭对话框。

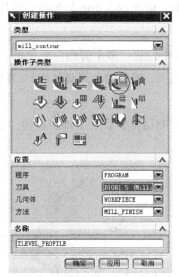

图6-17　选择操作子类型

图6-18　设置主轴速度和进给率

⑦ 单击"生成"按钮 ，程序自动生成孔的精加工刀路。

（3）扭曲外侧壁精加工。

① 在"插入"菜单栏中单击"创建操作"按钮 ，弹出"创建操作"对话框。

② 在对话框中选择 mill_multi-axis 模块类型，选择操作子类型为 CONTOUR_PROFILE，接着在"位置"选项区选择相关参数，如图 6-19 所示。

③ 单击图 6-19 中的"确定"按钮，弹出"外形轮廓加工"对话框，在该对话框的"几何体"选项区中单击"指定底面"按钮 ，弹出"底部面几何体"对话框。按信息提示选择如图 6-20 所示的平面作为底部面几何体，选择完成后关闭该对话框。

图6-19　选择操作子类型

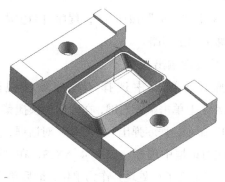

图6-20　底平面

④ 单击"指定壁"按钮 ⬡，弹出"壁几何体"对话框。依次选择扭曲外侧壁的面作为壁几何体。完成后单击"确定"按钮。

⑤ 单击"切削参数"按钮 ▦，在"多条刀路"选项卡中勾选"多个旁路"复选框。设置"侧余量偏置"为 5。在"步进方法"下拉列表中选择"刀路"选项，接着输入刀路数为 5。单击"确定"按钮，完成切削参数设置。

⑥ 单击"进给和速度"按钮 ⬥，弹出"进给和速度"对话框，设置主轴速度为 3 000，进给率为 1 500，然后单击"确定"按钮关闭对话框。

⑦ 单击"生成"按钮 ▶，程序自动生成扭曲外侧壁的轮廓精加工刀路。

（4）扭曲内侧壁精加工。

① 在操作导航器中选择"程序顺序视图"，复制 Contour_profile。

② 双击 Contour_profile_copy，弹出"外形轮廓加工"对话框，在该对话框的"几何体"选项区中单击"指定底面"按钮 ⬢，弹出"底部面几何体"对话框，选择"全重选"。按信息提示选择如图 6-21 所示的平面作为底部面几何体，选择完成后关闭该对话框。

③ 单击"指定壁"按钮 ⬡，弹出"壁几何体"对话框。依次选择扭曲内侧壁的面作为壁几何体。完成后单击"确定"按钮。

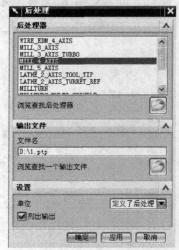

图 6-21　底平面

④ 单击"切削参数"按钮 ▦，在"多条刀路"选项卡中勾选"多个旁路"复选框。设置"侧余量偏置"为 5。在"步进方法"下拉列表中选择"刀路"选项，接着输入刀路数为 5。单击"确定"按钮，完成切削参数设置。

⑤ 单击"进给和速度"按钮 ⬥，弹出"进给和速度"对话框，设置主轴速度为 3 000，进给率为 1 500，然后单击"确定"按钮关闭对话框。

⑥ 单击"生成"按钮 ▶，程序自动生成扭曲内侧壁的轮廓精加工刀路。

5. 后处理输出

在操作导航器中选择"程序顺序视图"，在 PROGRAM 上单击鼠标右键，在弹出的快捷菜单中选择"后处理"命令，程序弹出"后处理"对话框，如图 6-22 所示。在对话框中选择 MILL_4_AXIS，在"设置"选项区选择"定义了后处理"作为单位，最后单击"确定"按钮，程序自动生成 4 轴数控加工程序单。

图 6-22　"后处理"对话框

在菜单栏中选择"文件"→"另存为"命令，保存本例数控加工文件。

四、练习与实训

1. 完成图 6-23 所示零件的编程、仿真及后处理操作。

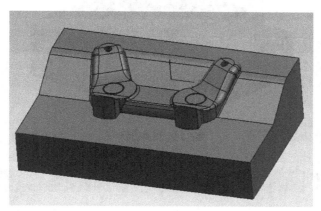

图6-23 题1图

2. 完成随书光盘源文件 part\6\6-2 零件的编程、仿真及后处理操作，如图 6-24 所示。

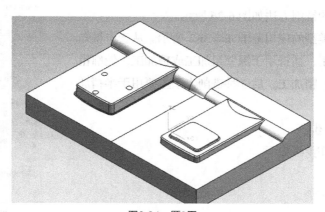

图6-24 题2图

 机壳凹模加工

【学习目标】

1. 掌握创建型腔铣的操作。
2. 掌握固定轴曲面轮廓铣的加工操作。
3. 掌握平面铣的加工操作。
4. 掌握 2D 动态仿真及后处理输出。

一、工作任务

完成图 6-25 所示机壳凹模的编程、仿真及后处理操作。

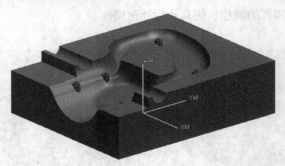

图6-25　机壳凹模

二、相关知识

1. 型腔铣概述

型腔铣操作可移除平面层中的大量材料，由于在铣削后残留余料，因此型腔铣常用于在精加工操作之前对材料进行粗铣。型腔铣及其他去除残料的铣削方法如图 6-26 所示。

模块中各铣削子类型的应用范围如表 6-2 所示。从表中得知型腔铣主要用于粗加工，插铣用于深壁粗加工或精加工，轮廓粗加工铣用于粗加工或半精加工，后 3 种铣削类型主要用于半精加工或精加工。

2. 型腔铣的操作步骤

型腔铣的一般操作步骤如下。

（1）模型准备。

（2）初始化加工环境。

（3）编辑和创建父级组。

图6-26　轮廓铣类型

表 6-2　　　　　　　　　各铣削子类型的应用范围

图标	英文名称	中文名称	说　　明
	CAVITY_MILL	型腔铣	该铣削类型为腔体类零件加工的基本操作，可使用所有切削模式来切除由毛坯几何体、IPW 和部件几何体构成的材料量
	PLUNGE_MILLING	插铣	该切削类型适用于使用插铣模式机械粗加工

续表

图标	英文名称	中文名称	说　明
	CORNER_ROUGH	轮廓粗加工铣	该铣削类型适用于清除以前刀具在拐角或圆角过渡处无法加工的余量材料
	REST_MILLING	剩余铣	该铣削类型适用于加工以前刀具切削后残留的材料
	PROFILE	深度加工轮廓铣（等高轮廓）	该铣削类型适用于使用轮廓加工模式精加工工件的外形
	ZLEVEL_CORNER	深度加工拐角铣	该铣削类型适用于使用轮廓加工模式精加工或加工过渡圆角部位无法加工的区域

（4）创建穴型加工操作。

（5）指定各种几何体。

（6）设置切削层参数。

（7）指定切削模式和切削步距。

（8）设置切削移动参数。

（9）设置非切削移动参数。

（10）设置主轴速度和进给。

（11）指定刀具号及补偿寄存器。

（12）编辑刀轨的显示。

（13）刀轨的生成与确认。

3. 型腔铣参数设置

（1）指定几何体。在"几何体"选项区中，必须完成的操作是"指定部件""指定毛坯"和"指定切削区域"，且"指定检查"和"指定修剪边界"为可选。

（2）全局每刀深度。"全局每刀深度"是指切削层的最大深度。实际深度尽可能接近全局每刀深度，并且不会超过它。

"全局每刀深度"将影响自动生成或单个模式中所有切削范围的每刀最大深度。对于用户定义模式，如果所有范围都具有相同的初始值，那么"全局每刀深度"将应用在所有这些范围中。如果它们的初始值不完全相同，程序将询问用户是否要将新值应用到所有范围。

（3）型腔铣的切削层。对于型腔铣，用户可以指定切削平面，这些切削平面确定了刀具在移除材料时的切削深度。型腔铣是水平切削操作（2D操作），其中切削操作在一个恒定的深度完成后才会移至下一深度。

仅当指定了几何体后，"刀轨设置"选项区的"切削层"选项才被激活，如图6-27所示。

单击"切削层"按钮，弹出"切削层"对话框，如图6-28所示。"切削层"对话框包含3种范围类型：自动生成、用户定义和单个。

"切削层"对话框中各选项的含义如下。

自动生成 ：将切削层范围设置为与任何水平平面对齐。

用户定义 ：通过定义每个新范围的底平面来创建范围。

全局每刀深度 ：切削层的每刀最大深度。

切削层：设置切削深度的方式，包括"恒定""最优化"和"仅在范围底部"。"恒定"表示将切削深度保持为全局每刀深度；"最优化"表示调整切削深度，以便在部件间距和残余高度方面更加一致；"仅在范围底部"表示不细分切削范围。

图6-27　激活"切削层"选项

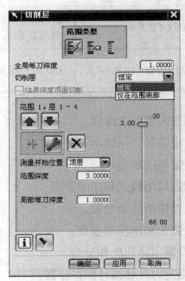

图6-28　"切削层"对话框

临界深度顶面切削：该选项只在"单个"范围类型中可用。使用此选项在完成水平表面下的第一刀后，直接对每个临界深度（水平表面）进行切削（顶面切削）。这与平面铣中的"岛顶面切削"选项类似。

测量开始位置：定义范围深度值的测量方式。包括 4 种方式，"顶层"方式是参考第一刀范围顶部的范围深度；"范围顶部"方式是参考当前高亮显示的范围顶部的范围深度；"范围底部"方式是参考当前高亮显示的范围底部的范围深度，也可使用滑尺来修改范围底部的位置；"WCS 原点"方式是参考 WCS 原点的范围深度。

范围深度：输入范围深度来定义新范围的底部，以编辑现有范围的底部。

局部每刀深度：键入"局部每刀深度"值，然后单击"应用"按钮或"向上""向下"箭头按钮来创建切削深度。"范围 1"使用了较大的局部每刀深度 A 值，从而可以快速切削材料；"范围 2"使用了较小的局部每刀深度 B 值，以便逐渐移除靠近倒圆轮廓处的材料。

三、任务实施

1. 工艺流程分析

由图 6-25 可知，零件中间由小圆台、平直面、曲面等组成。确定该零件的工步及刀具，如

表 6-3 所示。

表 6-3			工步及其刀具				
工步	刀 具	加工方法	加工余量（mm）	步距（mm）	主轴速度（r/min）	进给率	加工范围（mm/min）
1	D16R0.8	型腔铣	0.5	16×65%	1 200	1 200	开粗
2	D12	平面铣	0	12×25%	3 500	450	平面精铣
3	D8R1	固定轴铣	0.5/0	8×65%	3 000	4 500	轮廓粗精铣
4	D6R3	固定轴铣	0.5/0	6×65%	2 000	600	轮廓粗精铣

注：直径 10mm 以上的刀具，长度设置为 120mm，8mm 和 1mm 的刀具长度设为 90mm。

2. 工件粗加工

（1）在"标准"工具栏中选择"开始"→"加工"命令，弹出"加工环境"对话框。在该对话框的"要创建的 CAM 设置"列表框中选择 mill_contour，然后单击"确定"按钮，程序自动进入加工环境。

（2）单击"插入"工具栏中的 ▓ 刀具(T)... 按钮，弹出"创建刀具"对话框，选择"刀具子类型"，输入刀具名称为 D16R0.8，如图 6-29 所示。

（3）单击"确定"按钮，弹出"铣刀-5 参数"对话框，设置"尺寸"和"数字"参数，如图 6-30 所示。

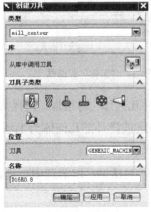

图6-29 "创建刀具"对话框

图6-30 "铣刀-5参数"对话框

（4）以同样的方法依次创建 D12、D8R1、D6R3 刀具。

（5）单击"插入"工具栏中的  按钮，弹出"创建几何体"对话框，如图6-31所示。单击"确定"按钮，弹出图6-32所示的对话框。单击"格式"菜单，选择"图层设置"，弹出"图层设置"对话框。选择2复选框，然后单击"关闭"按钮。最后选择零件上表面中心为 MCS 中点。

图6-31　创建几何体1

图6-32　Mill Orient对话框

（6）单击"插入"工具栏中的 按钮，弹出"创建几何体"对话框，在"几何体子类型"中选择 workpiece 选项，其余参数如图6-33所示。单击"确定"按钮，弹出"工件"对话框，如图6-34所示。

图6-33　创建几何体2

图6-34　"工件"对话框

（7）在弹出的对话框中选择"指定部件" 按钮，弹出"部件几何体"对话框，选择实体零件。选择"指定毛坯" 按钮，弹出"毛坯几何体"对话框，在绘图区选择外部几何体为毛坯几何体。完成后单击2次"确定"按钮。

（8）单击"格式"菜单，选择"图层设置"，弹出"图层设置"对话框。取消选中2复选框，然后单击"关闭"按钮。

（9）单击"插入"工具栏中的 按钮，弹出"创建方法"对话框，在类型选项中选择 mill_contour，在方法子类型中选择 MOLD_ROUGH_HSM 选项，并命名为 mill_r，如图6-35所示。然后单击"确定"按钮，弹出"模具粗加工 HSM"对话框，设置部件余量为 0.5，如图 6-36 所示。

图6-35　"创建方法"对话框

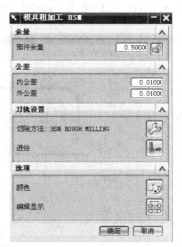

图6-36　"模具粗加工HSM"对话框

（10）重复上一步骤，在方法子类型中依次选择 MOLD_SEMI_FINISH_HSM、MOLD_FINISH_HSM 选项，并依次命名为 mill_m、mill_f，然后单击"确定"按钮，弹出"模具粗加工 HSM"对话框，设置部件余量分别为 0.3、0。

（11）在"插入"工具栏中单击"创建操作"按钮，弹出"创建操作"对话框。

（12）在该对话框中选择 mill_contour 模板类型，按图 6-37 设置相关参数后，单击"确定"按钮，随后弹出"型腔铣"对话框。

（13）在"刀轨设置"选项区中选择切削模式为"跟随周边"，步距为"%刀具平直"，并输入平面直径百分比值为 65，设置全局每刀深度为 1，其他参数设置如图 6-38 所示。

图6-37　"创建操作"对话框

图6-38　刀轨设置

（14）单击"切削参数"按钮，在"策略"选项卡中选择切削顺序为"深度优先"，并勾选"岛

清理"复选框，如图 6-39 所示。在"余量"选项卡中设置部件侧面余量为 0.5，部件底部面余量为 0.3，外公差为 0.03，然后单击"确定"按钮，完成切削参数设置。

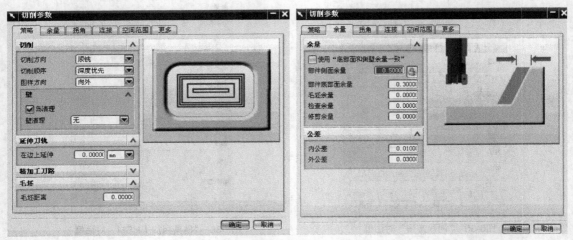

图6-39　"切削参数"对话框

（15）单击"非切削参数"按钮 ，在"进刀"选项卡中设置封闭区域的进刀类型为"螺旋"，高度为 6，最小安全距离为 3。设置开放区域的进刀类型为"圆弧"，其余参数如图 6-40 所示。

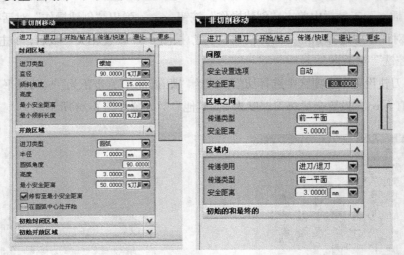

图6-40　"非切削移动"对话框

（16）单击"进给和速度"按钮，弹出"进给和速度"对话框，设置主轴速度为 1 200，进给率为 1 200，然后单击"确定"按钮关闭对话框，如图 6-41 所示。

（17）单击"生成"按钮，程序自动生成型腔粗加工刀路，如图 6-42 所示。

（18）在操作导航器中选择"程序顺序视图"，复制 Cavity_Mill。

（19）双击 Cavity_Mill_copy，弹出"型腔铣"对话框，在该对话框的刀具选项区中选择 D6R3 球刀。

图6-41 "进给和速度"对话框

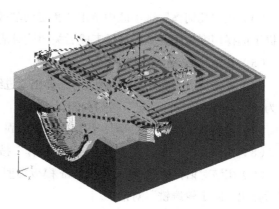

图6-42 粗加工刀路

（20）单击"切削参数"按钮，在"空间范围"选项卡中选择参考刀具为 D16R0.8，其余参数设置不变，然后单击"确定"按钮关闭对话框。

（21）单击"进给和速度"按钮，弹出"进给和速度"对话框，设置主轴速度为 2 000，进给率为 600，然后单击"确定"按钮关闭对话框。

（22）单击"生成"按钮，程序自动生成型腔粗加工刀路。

3. 工件半精加工

（1）在"插入"工具栏中单击"创建操作"按钮，弹出"创建操作"对话框。

（2）在该对话框中选择 mill_contour 模板类型，按图 6-43 设置相关参数后，单击"确定"按钮，弹出"固定轮廓铣"对话框。

（3）在"驱动方法"选项区中选择"区域铣削"，弹出"区域铣削驱动方法"对话框，设置切削模式为"往复"，切削方向为"顺铣"，步距为"恒定"，距离为 0.3，步距已应用为"在平面上"，切削角为"用户定义"，度为 45，如图 6-44 所示。

图6-43 "创建操作"对话框

图6-44 "区域铣削驱动方法"对话框

（4）在"几何体"选项区中单击"指定切削区域"按钮 ![icon]，弹出"切削区域"对话框。按信息提示选择切削加工区域，选择完成后关闭该对话框。结果如图 6-45 所示。

（5）其余参数保持默认值不变。

（6）单击"进给和速度"按钮 ![icon]，弹出"进给和速度"对话框，设置主轴速度为 3 000，进给率为 400，然后单击"确定"按钮关闭对话框。

（7）单击"生成"按钮 ![icon]，程序自动生成固定轮廓铣半精加工刀路。

（8）在"插入"工具栏中单击"创建操作"按钮 ![icon]，弹出"创建操作"对话框。

（9）在该对话框中选择 mill_contour 模板类型，按图 6-46 设置相关参数后，单击"确定"按钮，随后弹出"固定轮廓铣"对话框。

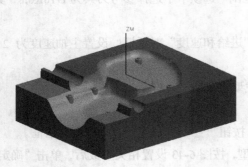

图6-45 切削区域

图6-46 "创建操作"对话框

（10）在"驱动方法"选项区中选择"区域铣削"，弹出"区域铣削驱动方法"对话框，设置切削模式为"往复"，切削方向为"顺铣"，步距为"恒定"，距离为 0.3，步距已应用为"在平面上"，切削角为"自动"，如图 6-47 所示。

（11）在"几何体"选项区中单击"指定切削区域"按钮 ![icon]，弹出"切削区域"对话框。按信息提示选择切削加工区域，选择完成后关闭该对话框。结果如图 6-48 所示。

图6-47 "区域铣削驱动方法"对话框

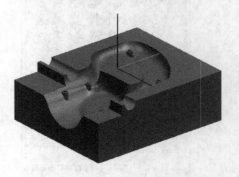

图6-48 切削区域

（12）单击"进给和速度"按钮![], 弹出"进给和速度"对话框, 设置主轴速度为 3 500, 进给率为 350, 然后单击"确定"按钮关闭对话框。

（13）单击"生成"按钮![], 程序自动生成固定轮廓铣精加工刀路。

4. 工件精加工

（1）在操作导航器中选择"程序顺序视图", 复制 FIXED_CONTOUR。

（2）双击 Cavity_Mill_copy, 弹出"固定轮廓铣"对话框, 在该对话框的刀具选项区中选择 D6R3 球刀。

（3）在"驱动方法"选项区中选择"区域铣削", 弹出"区域铣削驱动方法"对话框, 设置切削模式为"往复", 切削方向为"顺铣", 步距为"恒定", 距离为 0.3, 步距已应用为"在平面上", 切削角为"用户定义", 度为-45, 如图 6-49 所示。

图6-49 "区域铣削驱动方法"对话框

（4）在"刀轨设置"选项区中设置方法为 MILL_F, 其余参数不变。

（5）单击"进给和速度"按钮![], 弹出"进给和速度"对话框, 设置主轴速度为 3 500, 进给率为 450, 然后单击"确定"按钮关闭对话框。

（6）单击"生成"按钮![], 程序自动生成固定轮廓铣精加工刀路。

（7）在操作导航器中选择"程序顺序视图", 复制 FIXED_CONTOUR_1。

（8）双击 FIXED_CONTOUR_1_copy, 弹出"固定轮廓铣"对话框, 在该对话框的刀具选项区中选择 D6R3 球刀。

（9）在"驱动方法"选项区中选择"区域铣削", 弹出"区域铣削驱动方法"对话框, 设置切削模式为"往复", 切削方向为"顺铣", 步距为"恒定", 距离为 0.1, 步距已应用为"在平面上", 切削角为"用户定义", 度为 90。

（10）单击"进给和速度"按钮![], 弹出"进给和速度"对话框, 设置主轴速度为 4 000, 进给率为 250, 然后单击"确定"按钮关闭对话框。

（11）在"刀轨设置"选项区中设置方法为 MILL_F, 其余参数不变。

（12）单击"生成"按钮![], 程序自动生成固定轮廓铣精加工刀路。

5. 平面精加工

（1）在"插入"工具栏中单击"创建操作"按钮![创建操作], 弹出"创建操作"对话框。

（2）在该对话框中选择 mill_planar 模板类型, 按图 6-46 设置相关参数后, 单击"确定"按钮, 随后弹出"平面铣"对话框。

（3）在"几何体"选项区中单击"指定面边界"按钮![], 弹出"指定面几何体"对话框。按信息提示选择面几何体, 选择完成后关闭该对话框。结果如图 6-50 所示。

（4）在"刀轨设置"选项区中设置切削模式为"跟随周边"，步距为"%刀具平直"，并输入平面直径百分比值为 25，如图 6-51 所示。

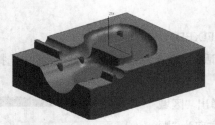

图6-50　选择平面

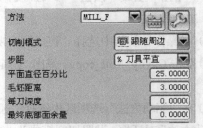

图6-51　刀轨设置

（5）单击"切削参数"按钮，在"策略"选项卡中勾选"岛清理"复选框。然后单击"确定"按钮关闭对话框。

（6）单击"非切削参数"按钮，在"进刀"选项卡中设置封闭区域的进刀类型为"插削"，高度为5。设置开放区域的进刀类型为"圆弧"、半径为 5mm、高度为 3mm、最小安全距离为 3mm，最小安全距离为 3mm，其余参数设置如图 6-52 所示。

（7）单击"进给和速度"按钮，弹出"进给和速度"对话框，设置主轴速度为 3 500，进给率为 450，然后单击"确定"按钮关闭对话框。

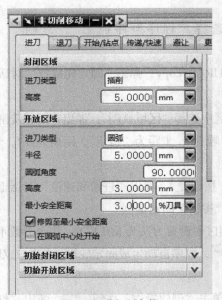

图6-52　非切削参数

（8）单击"生成"按钮，程序自动生成平面轮廓精加工刀路。

6. 2D 动态模拟及后处理输出

在操作导航器中选择"几何视图"，在 MCS 上单击鼠标右键，在弹出的快捷菜单中选择"刀轨"

→"确认刀轨"选项，弹出"刀轨可视化"，选择"2D 动态"，单击 ▶ 按钮播放，结果如图 6-53 所示。在弹出的快捷菜单中选择"后处理"命令，弹出"后处理"对话框。在对话框中选择 MILL_3_AXIS，在"设置"选项区选择"定义了后处理"作为单位，最后单击"确定"按钮，程序自动生成三轴数控加工程序单，如图 6-54 所示。

图6-53 2D动态模拟结果

图6-54 后处理程序

在菜单栏中执行"文件"→"另存为"命令，保存本例数控加工文件。

四、练习与实训

1. 如图 6-55 所示，完成零件的编程、仿真及后处理操作。
2. 如图 6-56 所示，完成零件的编程、仿真及后处理操作。

图6-55 题1图

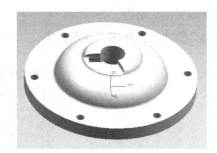

图6-56 题2图

车削加工编程

【学习目标】

1. 掌握 UG 车削加工。
2. 掌握车削加工公共选项设置。
3. 掌握车削加工工艺分析。
4. 掌握车削加工编程。

一、工作任务

完成图 6-57 所示零件的编程、仿真及后处理操作。

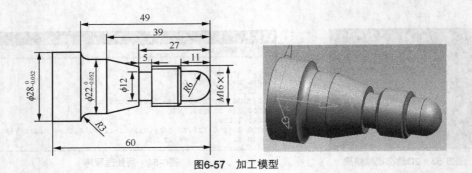

图6-57　加工模型

二、相关知识

在"插入"工具栏中单击"创建操作"按钮，弹出"创建操作"对话框，如图 6-58 所示。按照加工对象的不同，车削加工可分为以下 4 大类型。

循环固定加工：从中心孔到攻螺纹。

表面加工：从车端面到精镗内孔。

螺纹加工：车削内、外螺纹。

其他类型加工：从模式到用户定义。

图6-58　"创建操作"对话框

车削加工的各操作子类型的图标、名称及说明如表 6-4 所示。

表 6-4　　　　车削加工各操作子类型的图标、名称及说明

图标	英　文　名	中文名	说　　明
	CENTERLINE_SPOTDRILL	中心钻点钻	带有驻留的钻循环
	CENTERLINE_DRILLING	中心线钻孔	带有驻留的钻循环
	CENTERLINE_PECKDRILL	中心线啄钻	每次啄钻后完全退刀的钻循环
	CENTERLINE_BREAKCHIP	中心钻断屑	每次啄钻后短退刀或驻留的钻循环
	CENTERLINE_REAMING	中心钻铰刀	送入和送出的镗孔循环
	CENTERLINE_TAPPING	中心钻出屑	送入、反向主轴和送出的拔锥循环
	FACING	面加工	粗加工切削，用于面削朝向主轴中心线的部件
	ROUGH_TURN_OD	粗车外侧面	粗加工切削，用于车削与主轴中心平行的部件的外侧
	ROUGH_BACK_TURN	退刀粗车	与 ROUGH_TURN_OD 相同，只不过移动是远离主轴面
	ROUGH_BORE_ID	粗镗内侧面	粗加工切削，用于镗削与高轴中心平行的部件的内侧
	ROUGH_BACK_BORE	退刀粗镗	与 ROUGH_BORE_ID 相同，只不过移动是远离主轴面
	FINISH_TURN_OD	精车外侧面	使用各种切削策略，为部件的外部（OD）自动生成精加工切削
	FINISH_BORE_ID	精车内侧面	使用各种切削策略，为部件的内部（ID）自动生成精加工切削
	FINISH_BACK_BORE	退刀精镗	与 FINISH_BORE_ID 相同，只不过移动是远离主轴面
	TEACH_MODE	示教模式	生成由用户密切控制的精加工切削，对于精细加工格外有效
	GROOVE_OD	车外部槽	粗加工切削，用于在部件的外侧加工槽
	GROOVE_ID	车内部槽	粗加工切削，用于在部件的内侧加工槽
	GROOVE_FACE	车外表面槽	粗加工切削，用于在部件的外表面加工槽
	THREAD_OD	车外螺纹	在部件的外侧切削螺纹
	THREAD_ID	车内螺纹	在部件的内侧切削螺纹

三、任务实施

1. 工艺流程分析

根据零件图样、毛坯情况，确定工艺方案及加工路线。对于本例的回转体轴类零件，轴中心线为工艺基准。粗车外圆，可采用阶梯切削路线，为编程时数值计算方便，前段半圆球部分用同心圆车圆弧法。工步顺序如下。

（1）粗车外圆的顺序是：车右端面→车 ϕ 12mm 外圆段→车 ϕ 16mm 外圆段→车 ϕ 22mm 外圆段→车 ϕ 28mm 外圆段。

（2）车轴前端的圆弧。

（3）切槽。

2. 车加工前期准备

车削加工的前期准备过程包括加工环境初始化、创建车削刀具、设置 MCS、创建车加工横截面和编辑车削工件，以及为车端面新建 MCS。加工本例零件的刀具及用途如下。

T1：左手外圆车刀，刀尖角 80°，粗车台阶面、毛坯端面和圆弧面。

T2：左手外圆车刀，刀尖角 55°，精车台阶面、毛坯端面和圆弧面。

T3：左手、刀片宽 4mm、刀片长 10mm 的槽刀，切槽。

（1）加工环境初始化。在"标准"工具栏中执行"开始"→"加工"命令，弹出"加工环境"对话框。在该对话框的"要创建的 CAD 设置"列表框中选择 turning（车削），单击"确定"按钮，进入车削加工环境。

（2）创建刀具。其操作步骤如下。

① 在"插入"工具栏中单击"创建刀具"按钮 📷，弹出"创建刀具"对话框。在对话框中选择 OD_80_L，并命名为 T1，如图 6-59 所示。

② 单击"应用"按钮，弹出"车刀-标准"对话框，设置刀片长度为 5，其余参数保留默认设置，如图 6-60 所示，最后关闭该对话框，完成 T1 刀具的创建。

③ 以同样的方法创建出 T2（OD_55_L）、T3（OD_GROOVE_L）及 T4（OD_THREAD_L）刀具。

（3）编辑 MCS。其操作步骤如下。

① 在操作导航器中切换视图为"几何视图"，然后双击 MCS_SPINDLE 项目，弹出 Turn Orient 对话框。单击"CSYS 对话框"按钮 📷，接着通过打开的 CSYS 对话框将 MCS 向 CSYS 坐标系的 ZC 正方向移动 60mm，如图 6-61 所示。

② 在"Turn Orient"对话框中选择车床工作平面为 ZM-XM，如图 6-62 所示，然后关闭该对话框。

（4）创建车削加工横截面。在车削加工中，一般采用车削加工横截面作为加工零件的部件边界。以 WCS 坐标系的某一平面剖开零件，得到车削加工横截面。其操作步骤如下。

① 在菜单栏中执行"工具"→"车加工横截面"命令或者按 Ctrl+Alt+X 组合键，弹出"车加工横截面"对话框，如图 6-63 所示。

② 按信息提示在图形区中选择工件模型作为截面参照主体，如图 6-64 所示。

图6-59 "创建刀具"对话框

图6-60 设置刀具参数

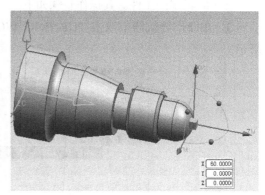

图6-61 创建MCS

图6-62 设置车床工作平面

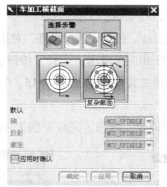

图6-63 "车加工横截面"对话框

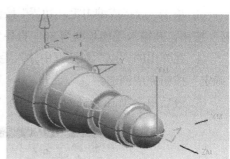

图6-64 选择截面参照

③ 单击对话框中的"剖切平面"按钮 ![icon]，保留程序默认的截面选项设置，单击"确定"按钮，完成车加工模截面的创建，如图 6-65 所示。

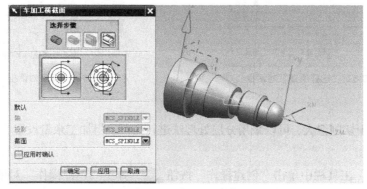

图6-65 创建车加工横截面

（5）编辑车削工件。其操作步骤如下。

① 在操作导航器中双击 TURNING_WORKPIECE 项目，弹出 Turn Bnd 对话框，如图 6-66 所示。

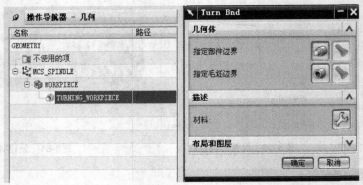

图6-66 编辑车削工件

② 单击"选择或编辑部件边界"按钮 ，弹出"部件边界"对话框。按信息提示在图形区中选择先前创建的车加工横截面作为部件边界，然后关闭对话框。

③ 单击"选择或编辑毛坯边界"按钮 ，弹出"选择毛坯"对话框，如图 6-67 所示。单击"杆材"按钮，并输入毛坯长度为80，直径为30，再单击"选择"按钮。

④ 在弹出的"点"对话框中输入毛坯安装位置点坐标（-15，0，0），如图 6-68 所示，并单击"确定"按钮完成创建。

⑤ 最后单击 Turn Bnd 对话框中的"确定"按钮，完成车削工件的编辑。

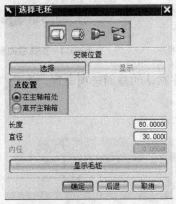

图6-67 "选择毛坯"对话框

图6-68 "点"对话框

3. 粗车外圆

在粗车中，由于切削量大，可以采用分层处理法进行切削。粗加工余量设置为 0.5。其操作步骤如下。

（1）在"插入"工具栏中单击"创建操作"按钮 ，弹出"创建操作"对话框。在对话框中选择 ROUGH_TURN_OD，在"位置"选项区中选择程序为 PROGRAM、刀具为 T1、几何体为

TURNING_WORKPIECE、方法为 LATHE_ROUGH，并单击"确定"按钮，如图 6-69 所示。

（2）在随后弹出的"粗车 OD"对话框的"策略"选项区，选择切削方式为"单向线性切削"，在"刀轨设置"选项区的"步距"选项区中，设置"切削深度"为"恒定"，深度为 0.5，如图 6-70 所示。

图6-69 创建操作

图6-70 设置切削方式与步距

（3）单击"切削参数"按钮 ，弹出"切削参数"对话框。在该对话框的"余量"选项卡中输入恒定的粗加工余量为 0.5，单击对话框中的"确定"按钮，如图 6-71 所示。

（4）单击"进给和速度"按钮 ，弹出"进给和速度"对话框，设置主轴输出模式为 RPM 主轴速度为 1000，进给率为 0.7，然后单击"确定"按钮关闭对话框。

（5）保留其余参数默认设置，单击"生成"按钮 ，程序自动生成粗车刀路，如图 6-72 所示。

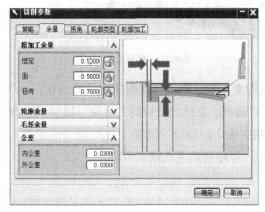

图6-71 设置切削方式参数

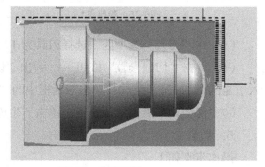

图6-72 粗车刀路

4. 精车外圆

精加工的操作与粗加工操作类似，只是刀具和切削参数不同，其操作步骤如下。

（1）在操作导航器中切换视图为"几何视图"，复制、粘贴粗加工操作，如图 6-73 所示。

（2）双击 ROUGH_TURN_OD_COPY，打开"粗车 OD"对话框。在"几何体"选项区中单击

切削区域的"编辑"按钮，弹出"切削区域"对话框。在该对话框的"轴向修剪平面1"选项区中选择"点"选项，并单击下面的"点构造器"按钮，如图 6-74 所示。

图6-73 复制操作

图6-74 "切削区域"对话框

（3）在图形区中选择圆弧中心点作为修剪平面参照点，如图 6-75 所示。

（4）在"轴向修剪平面2"选项区中选择"点"选项，并单击下面的"点构造器"按钮，然后选择图 6-76 所示的边界点作为修剪平面参照点。

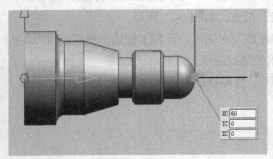

图6-75 参照点1

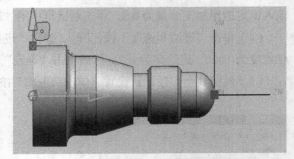

图6-76 参照点2

（5）在"刀具"选项区中选择刀具为 T2，在"刀轨设置"对话框中将切削深度设置为 0.1。

（6）单击"切削参数"按钮，弹出"切削参数"对话框。在该对话框的"余量"选项卡中输入恒定的粗加工余量为 0，单击对话框中的"确定"按钮完成切削参数的设置。

（7）保留其余参数默认设置，单击"生成"按钮，程序自动生成精车刀路。

5. 切槽

操作步骤如下。

（1）在"插入"工具栏中单击"创建操作"按钮，弹出"创建操作"对话框。在对话框中选择 GROOVE_OD（外部切槽），在"位置"选项区中选择程序为 PROGRAM，刀具为 T3，几何体为 TURNING_WORKPIECE，方法为 LATHE_ROUGH，并单击"确定"按钮，如图 6-77 所示。

（2）在"几何体"选项区中单击切削区域的"编辑"按钮，弹出"切削区域"对话框。在该对话框的"修剪点1"选项区中选择"点"选项，并单击下面的"点构造器"按钮，随后弹出"点"

对话框。按信息提示选择图 6-78 所示的点作为修剪点 1。

图6-77　创建操作

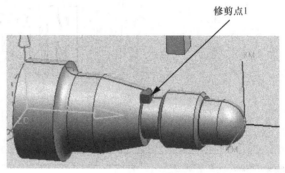

图6-78　修剪点1

（3）以同样的方法指定修剪点 2。

（4）在"刀轨设置"选项区中设置切削深度为刀具百分比的 5。

（5）单击"切削参数"按钮，弹出"切削参数"对话框。在该对话框的"余量"选项卡中将粗加工余量设置为 0，单击对话框中的"确定"按钮完成切削参数的设置。

（6）保留其余参数默认设置，单击"生成"按钮，程序自动生成切槽刀路。

四、练习与实训

1. 完成图 6-79 所示零件的编程、仿真及后处理操作。

2. 完成图 6-80 所示零件的编程、仿真及后处理操作。

3. 完成图 6-81 所示零件的编程、仿真及后处理操作。

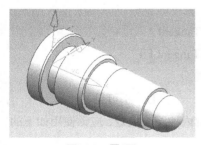

图6-79　题1图

图6-80　题2图

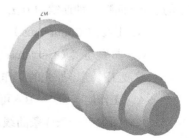

图6-81　题3图

附录

附录A　理论笔试练习

一、单选题

1. 下列哪个不是基本体素类型？_____

    A. 块　　　　　B. 圆锥体　　　　　C. 圆柱体　　　　　D. 凸台

2. 连续性共有 4 种类型的形式，可以使对象连续但不相切的是_____。

    A. G0　　　　　B. G1　　　　　C. G2　　　　　D. 对称的

3. 当前在建模模块中，如果希望通过实体上的边来创建一系列的曲线，可以使用_____曲线操作来产生这些曲线。

    A. 转换（Convert→Edge To Curves）　　　　　B. 投影（Project→Edge Curves）

    C. 抽取（Extract→Isocline Curves）　　　　　D. 抽取（Extract→Edge Curves）

4. 需要桥接两条曲线间的一段空隙，结果既要保证相切，又要跟随先前两条曲线的总体形状。应该选择下面哪一种连续的方法？_____

    A. 连续（Continuous）　　　　　B. 相切连续（Tangent）

    C. 曲率连续（Curvature）　　　　　D. 相切拟合（Tangent Fit）

5. 改变工作层，原先的工作层会自动变为_____。

    A. 工作层　　　　　B. 可选层　　　　　C. 仅可见　　　　　D. 不可见

6. 某个面上有一条样条曲线，现在需要将该样条曲线在面轮廓内按距离偏置，应该使用如下的哪个命令？_____

    A. 面内偏置　　　　　B. 面偏置

    C. 偏置→曲线沿面　　　　　D. 编辑→变形→面样条线

7. 当使用镜像体命令时，镜像平面可以是_____。

    A. 基准面   B. 平面   C. 圆柱面   D. 圆锥面

8. 下列哪种类型不是创建基准面的类型？_____

    A. 点和方向   B. 3 点   C. 在曲线上

    D. 在点线或面上与面相切   E. 曲线和点

9. 在一个平面上完成了一个二维的设计，比如一朵花。这个设计将被转化到一个圆锥面上作为贴花。下面哪一种曲线操作可以把这个 2D 的设计转化到圆锥面上？_____

    A. 缠绕/展开（Wrap/Unwrap）   B. 2D 投影（2D Projection）

    C. 曲线投影（Curve Projection）   D. 图形转化（Graphic Translater）

10. 当前工具条有一个图标未显示出来，怎样将其在工具条中显示出来？_____

    A. 用鼠标右键单击工具条区域，然后在弹出的菜单中选择定制命令

    B. 拖出工具条，在其位置上双击

    C. 用鼠标左键单击工具条

    D. 用鼠标右键单击，在弹出的菜单中选择显示对话框

11. 在一张别人所画的图纸中，有一个投影视图不清楚是由哪一个视图投影而来的，如何找到这个投影视图的父视图？_____

    A. 打开部件导航器，寻找指向俯视图的符号

    B. 查看该视图的样式对话框

    C. 打开部件导航器，用鼠标右键单击选择"引导到父视图"（MB3→Navigate to Parent）

    D. 在视图边框上用鼠标右键单击选择"父视图"（MB3→Parent）

12. 在草图中创建图线时，可以用什么设置去控制约束？_____

    A. 自动约束创建（Automatic Constraint Creation）

    B. 推断约束设置（Infer Constraint Settings）

    C. 创建约束（Create Constraints）

    D. 替代约束（Alternate Solution）

13. 在创建过曲线（Through Curves）特征时，已经选择了所有的截面线串，如果这些线串的方向箭头指向不一致，那么将会发生什么样的情况？_____

    A. 将产生变形   B. 系统将提示出错信息

    C. 没有情况发生   D. 系统将崩溃

14. 草图是_____。

    A. 面上的线串   B. 作为初始研究用的艺术家的绘画

    C. 在特定平面内的有名称的线串的集合

    D. 另一绘图系统的粗糙的图片

15. 条件表达式创建用的语言是_____。

    A. If Else   B. Do While   C. Do Until   D. Else If

16. 如果图纸的尺寸标注中是英制单位，现在需要同时显示公制和英制标注，比较好的办法是_____。

    A. 利用尺寸标注对话框来显示公制和英制

    B. 用注释编辑对话框将英制改为公制

    C. 在同一个尺寸标注中同时显示英制和公制单位

    D. 删除尺寸标注，代之以公制单位的尺寸标注

17. 第一次打开一个部件文件，其中有一条样条曲线，需要了解其更多的信息，应该用什么菜单命令？ _____

    A. 信息→自由形状特征→样条曲线（Information→Free Form→Spline Curve）

    B. 编辑→样条曲线（Edit→Spline）

    C. 帮助→样条曲线信息（Help→Spline Information）

    D. 信息→样条曲线（Information→Spline）

18. 由于某种原因，部件文件被转移到别的文件夹中，当打开装配文件时，怎样设置加载选项 Load Options 使得系统知道部件文件的存放地？ _____

    A. 使用部分加载（Partial Loading）   B. 部件（Components）

    C. 搜索文件夹（Search Directories）   D. 用户文件夹（User Directories）

19. 在 NX 的用户界面里，_____提示你下一步该做什么。

    A. 信息窗口（Information Window）   B. 提示栏（Cue Line）

    C. 状态栏（Status Line）   D. 部件导航器（Part Navigator）

20. 选择下列哪一项，可以在进行选择操作时，只需选一个边缘，就能选中所有相切边缘？ _____

    A. 自动选择（Auto Select）   B. 选择所有的边（Select All Edges）

    C. 增加相切链（Add Tangent Chain）   D. 增加体的边缘（Add Edges of Body）

21. 下面哪一个本身既是装配，在上一级装配中本身又是部件？ _____

    A. 子装配（Subassembly）   B. 装配（Assembly）

    C. 主模型文件（Master File）   D. 部件对象（Component Object）

22. 使用_____菜单命令可以知道一个模型文件是如何一步步建立特征的。

    A. 编辑→特征→回放（Edit→Feature→Playback）

    B. 编辑→特征→回顾（Edit→Feature→Review）

    C. 编辑→模型→历史（Edit→Model→History）

    D. 编辑→模型→回顾（Edit→Model→Review）

23. _____命令可以重新安排已创建特征的次序。

    A. 特征重新排序（Reorder Feature）   B. 特征重新安排（Rearrange Feature）

    C. 编辑时间戳记（Edit Timestamp）   D. 移动特征（Move Feature）

24. 扫掠特征的引导线串必须是_____连续的。

A. G0 B. G1 C. G2 D. G3

25. 内部草图外化为外部草图后，在时间戳记顺序中，该草图放在先前拥有它的特征_____。

    A. 之前   B. 之后

    C. 可前可后，顺序随机   D. 以上都不对

26. 建立基准面时，其类型不包括下列哪项？_____

    A. 点和方向   B. 两条线   C. 工作坐标系的坐标平面

    D. 平面方程系数   E. 3点

27. 创建草图时，草图所在的层由下列哪一项决定？_____

    A. NX预设置中定义   B. 建立草图时定义的工作层

    C. 在草图中选择   D. 系统自动定义

28. _____列出特征列表，而且可以作为显示和编辑特征的捷径。

    A. 装配导航器   B. 编辑和检查工具   C. 特征列表   D. 部件导航器

29. 在UG中，抑制特征（Suppress Feature）的功能是_____。

    A. 在计算目标体重量时，忽略信息，但仍然显示

    B. 从目标体上临时隐藏该特征

    C. 从目标体上永久删除该特征

    D. 从目标体上临时移去该特征和显示

30. 正建立的尺寸单位是英寸而不是毫米时，首先选择使用_____。

    A. 注释参数预设置，单位块，切换到mm

    B. 注释参数预设置，尺寸块，切换到mm

    C. 视图显示，选择尺寸，改变单位到mm

    D. 尺寸，选择尺寸，改变单位值到mm

31. 欲使一个层中的对象显现出来，应该通过什么对话框实现？_____

    A. 层设置对话框   B. 对象/特征属性对话框

    C. 特征设置对话框   D. 对象设置对话框

32. 给两条直线倒圆，但它们不在光标球范围内，或者准备给一条直线和一条圆弧倒圆，应该采用什么方法？_____

    A. 2曲线倒圆   B. 复杂倒圆

    C. 创建圆弧来倒圆

    D. 创建圆弧并修剪使之与要倒圆的两条线相切

33. 在使用过曲线网格命令时，已经选择了所有的封闭主线串，如何选择交叉线串以生成封闭实体？_____

    A. 利用补片体和缝合来生成实体   B. Emphasis选择Both

    C. 选择Closed in V

    D. 再次选择第一个交叉线串作为最后的交叉线串

E. 选择 Closed in U

34. 在制图模块中，欲只显示实体，而其他对象不显示，最好的办法是＿＿＿＿＿＿＿。

    A. 利用视图中的层可见性设置对话框来显示实体所在的层

    B. 利用对象透明显示设置对话框来隐藏不需要显示的对象

    C. 利用层设置对话框来显示实体所在的层

35. 下列哪个剖视图操作不产生新的视图？＿＿＿＿＿＿＿

    A. 剖视图   B. 旋转剖视图   C. 半剖视图   D. 局部剖视图

36. 在制图模块中，如何删除一个尺寸标注的附加文本？＿＿＿＿＿＿＿

    A. 双击尺寸标注，在附加文本上单击鼠标右键选择删除

    B. 单击标准工具条中的删除按钮，然后选择附加文本，单击"确定"按钮

    C. 选择附加文本，然后单击标准工具条中的删除按钮

    D. 双击尺寸标注，在附加文本上单击鼠标右键选择附加文本→清除所有

37. 在草图参数设置对话框中，哪一个选项控制退出草图时，工作视图是否自动回到初始视图方位？＿＿＿＿＿＿＿

    A. 定向视图（Orient View）

    B. 改变视图方位（Change View Orientation）

    C. 保持视图方位（Maintain View Orientation）

    D. 关闭工作层（Turn OFF the work layer）

38. 利用一条曲线拉伸成一个实体，然后又编辑这条曲线，如何在编辑过程中知道曲线的修改对拉伸实体产生的影响？＿＿＿＿＿＿＿

    A. 单击鼠标右键选择更新   B. 在编辑曲线对话框中单击更新按钮

    C. 在编辑曲线对话框中单击刷新按钮   D. 选择视图→编辑更新

39. 欲使零件模型在图形区域看上去比较真实，应该采用什么显示模式？＿＿＿＿＿＿＿

    A. 着色模式   B. 隐藏线可见的线框模式

    C. 隐藏线变灰的线框模式   D. 隐藏线变虚线的线框模式

40. 要在视图中添加视图相关曲线，必须选择该视图，在鼠标右键的菜单中选择＿＿＿＿＿＿＿。

    A. 扩展成员视图   B. 视图边界   C. 样式   D. 视图相关编辑

41. ＿＿＿＿＿＿＿对话框决定创建一个圆柱（Cylinder）的方向。

    A. 矢量构造器   B. 绝对坐标系定位   C. 工作坐标系定位   D. 点构造器

42. 打平底孔时，顶锥角应设为＿＿＿＿＿＿＿。

    A. 0°   B. 45°   C. 90°   D. 180°

43. 在创建图纸对话框中，公制图纸标准尺寸大小选项默认共有＿＿＿＿＿＿＿种。

    A. 3   B. 4   C. 5   D. 6

44. 特征参数编辑对话框中，可以选择的特征类型为＿＿＿＿＿＿＿。

    A. 草图   B. 曲线   C. 视图   D. 实体

45. 如果一个部件分布在同一个装配中的不同位置，可以重新设置_____来区别不同的同一部件。

    A. 装配名　　　　B. 引用集名　　　　C. 组件名　　　　D. 以上都可以

46. _____是参数化造型系统的重要特征之一。

    A. 特征　　　　B. 表达式驱动模型　　C. 草图　　　　D. 支持参数修改

47. 下列_____项操作不属于对象变换的范畴。

    A. 平移　　　　B. 修改特征参数　　　C. 阵列　　　　D. 旋转

48. 当发现草图的几何约束状态可能不符合设计思路，但又不明确是哪个约束造成的时，可以利用_____的命令分析，因此在建模过程中该命令非常常用。

    A. 显示/移除约束　　　　　　　　　B. 转换为参考曲线/激活曲线

    C. 显示所有约束　　　　　　　　　D. 以上都可以

49. 进行_____标注时，首先选取两个控制点，然后系统用两点连线的长度标注尺寸，尺寸线将平行于所选两点的连线。

    A. 垂直　　　　B. 平行　　　　C. 角度　　　　D. 水平

50. 在扫描（Swept）操作中，_____在扫描方向上控制扫描体的方向和比例。

    A. 截面线串　　　　　　　　　　　B. 引导线串

    C. 起始线串和终止线串　　　　　　D. 脊线串

51. 如果部件几何对象不需要在装配模型中显示，可以使用_____，以提高显示速度。

    A. 有代表性的单个部件　　　　　　B. 整个部件

    C. 部分几何对象　　　　　　　　　D. 空的引用集

52. _____是指部件模型的各种向视图和轴测图，包括后视图、仰视图、前视图、左视图、右视图、正等测视图、正二测视图、俯视图和各种用户自定义视图。

    A. 基本视图　　　B. 投影视图　　　C. 向视图　　　D. 局部视图

53. 建模基准不包括_____。

    A. 基准坐标系　　B. 基准线　　　C. 基准面　　　D. 基准轴

54. 沟槽特征不包括_____。

    A. 矩形槽　　　B. 燕尾槽　　　C. 球形槽　　　D. U形沟槽

55. 常用的装配方法有自底向上装配、自顶向下装配和_____等。

    A. 立式装配　　B. 混合装配　　C. 分布式装配　　D. 以上都不对

56. 草图中的尺寸约束不包括_____。

    A. 直径　　　　B. 水平　　　　C. 固定长度　　　D. 周长

57. 草图中的几何约束不包括_____。

    A. 平行　　　　B. 垂直　　　　C. 对称　　　　D. 角度

58. 下面图标中，_____是腔体（Pocket）的命令。

A.  　　B.  　　C. 　　D.

59. UG 曲线绘制的正多边形命令功能中，提供了 3 种确定正多边形的方式：即内接半径、
_____ 和外切圆半径。

　　A. 内接直径　　B. 正多边形的边长　　C. 外切圆直径　　D. 多边形角度

60. 在 NX 的曲面造型中，已知条件为有纵横两组曲线，每一组内部曲线大致平行，纵横两组
曲线之间大致正交，可采用扫描或_____生成曲面。

　　A. 通过曲线　　B. 直纹面　　C. 通过曲线网格　　D. 样条曲线

61. 如果要把附图 A-1（a）所示的坐标系通过旋转变为附图 A-1（b）所示的坐标系，应采取
的操作是_____。

　　A. +*ZC* 轴：XC→YC 角度 90 度　　B. −*ZC* 轴：XC→YC 角度 90 度

　　C. +*YC* 轴：XC→ZC 角度 90 度　　D. −*YC* 轴：XC→ZC 角度 90 度

（a）　　　　（b）

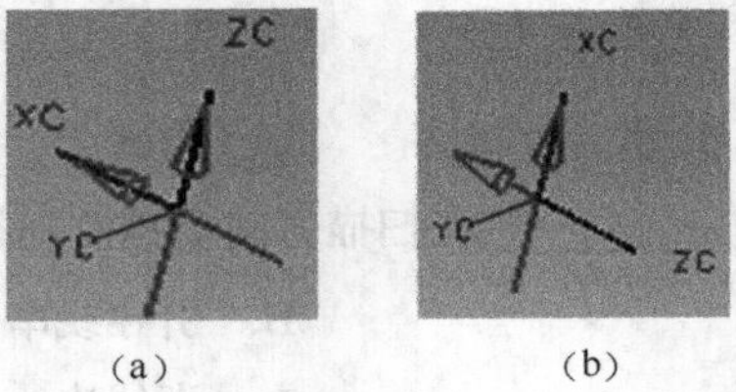

附图A-1

62. 绘制草图时，利用轮廓线（Profile）命令先绘制直线，然后利用鼠标左键（MB1）切换成
圆弧，此时将要绘制的圆弧和上一段直线的关系是_____。

　　A. 只能切向　　B. 只能法向　　C. 只能切向或法向　　D. 可以任意

63. 以下说法正确的是_____。

　　A. 一个拉伸特征可以包含多个体　　B. 拉伸特征只能包含实体或只能包含片体

　　C. 一个拉伸特征只能包含一个体　　D. 以上说法都不对

64. 如果选择做缝合操作的片体形成一个封闭的空间，则缝合操作将_____。

　　A. 创建多个片体　　B. 操作失败　　C. 创建一个片体　　D. 创建一个实体

65. 以下说法错误的是_____。

　　A. 实体与实体可以进行求和的布尔操作　　B. 实体与片体不可以进行求和的布尔操作

　　C. 片体与片体可以进行求和的布尔操作　　D. 实体与实体可以进行求差的布尔操作

66. 在草图中，以下哪个是轮廓线（Profile）命令不能创建的？_____

　　A. 直线　　B. 样条线　　C. 圆弧　　D. 与直线相切的圆弧

67. 固定基准面是相对于_____建立的。

　　A. 其父特征　　B. 模型空间　　C. 草图　　D. 基准

68. 对设计特征进行定位时，尽可能利用_____代替水平和垂直定位。

　　A. 正交定位　　B. 平行间距定位　　C. 角度定位　　D. 点到点定位

69. 一个片体的阶次（在 U 方向或 V 方向）必须介于 1 与_____之间。

    A. 3　　　　　　B. 5　　　　　　C. 7　　　　　　D. 24

70. 在创建边缘倒圆特征时，可以应用_____从边缘集中取消选择某一边缘。

    A. Shift 键　　　B. Shift+鼠标左键　C. 鼠标左键　　　D. Shift+鼠标中键

71. 在 NX 建模应用中，大多数特征可以在_____下拉菜单中找到。

    A. 工具　　　　　B. 编辑　　　　　C. 特征　　　　　D. 插入

72. 在创建工程图纸时，在图纸（Sheet）对话框中可以定义图纸的名称，输入的所有名称会_____。

    A. 转换为大写　　B. 转换为小写　　C. 不变　　　　　D. 转换为数字

73. 使用自顶向下建模方法设计组件时，_____。

    A. 不需要创建新的组件部件　　　　B. 需要创建新的组件部件

    C. 不确定

74. 附图 A-2 所示为某一视图，其中 TOP@12 称为_____。

    A. 比例标签　　　B. 视图标签　　　C. 预览样式　　　D. 选择排列

75. _____的尺寸标注可以在竖直方向建立一个尺寸链，尺寸间首尾相连。

    A. 水平链　　　　B. 竖直链　　　　C. 水平基准线　　D. 竖直基准线

76. 附图 A-3 所示为阶梯剖视图的示意图，其中③表示_____。

    A. 箭头段　　　　B. 折弯段　　　　C. 剖切段　　　　D. 展开段

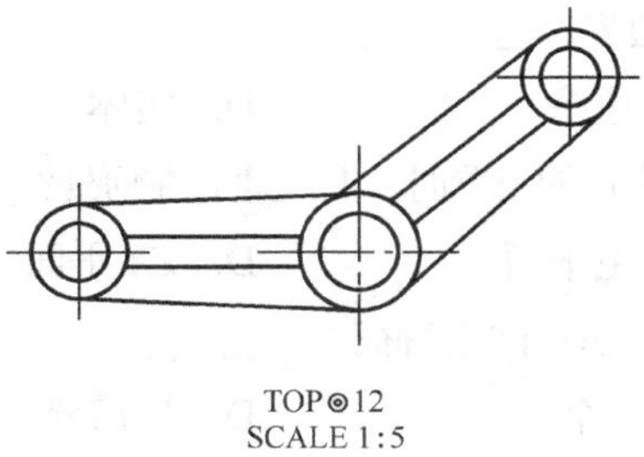

TOP◎12
SCALE 1:5
附图A-2

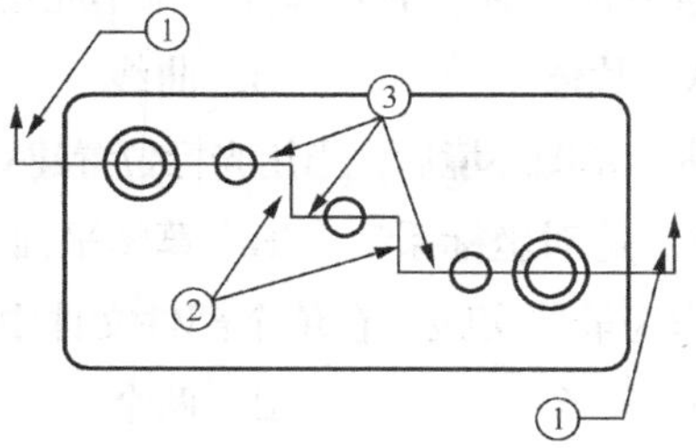

附图A-3

77. 在装配中，对特征引用集进行编辑时，基于特征的组件阵列_____。

    A. 也相应地变化　　B. 没有变化　　C. 要刷新后才变化　　D. 刷新后也没变化

78. 下面哪个部件可以进行编辑修改工作？

    A. 存储部件　　　B. 显示部件　　　C. 工作部件　　　D. 以上部件都可以

79. 编辑一个全剖视图，应用_____操作可以使全剖视图修改为阶梯剖视图。

    A. 删除段　　　　B. 添加段　　　　C. 移动段　　　　D. 重新定义铰链线

80. _____选项可以控制装配剖视图中相邻实体的剖面线显示。

    A. 装配剖面线　　B. 隐藏剖面线　　C. 背景　　　　　D. 剖面线

81. 在注释预设置（Annotation Preferences）对话框中，_____选项卡用于设置半径和直径尺寸的符号与位置。

A. 符号   B. 直线/箭头   C. 文字   D. 径向

82. 当鼠标掠过可选对象时，对象将被_____。

A. 选中   B. 高亮显示   C. 没有反应   D. 以上都不对

83. 偏置面（Offset Face）对话框中的偏置值的正方向为_____。

A. 面法向向外 B. 面法向向内   C. 面切向   D. 不确定

84. 在两组对象之间建立相交曲线，应该采用_____命令。

A. 二次截面曲线（Section Curve）   B. 抽取曲线（Extract Curve）

C. 组合投影（Combined Projection）   D. 交线（Intersection Curve）

85. 当有一个标尺寸的视图是不需要的，如何进行操作？

A. 删除尺寸，然后删除视图   B. 直接删除该视图

C. 删除视图，然后删除尺寸   D. 删除工程图，重新做

86. 在图层管理操作中，可以针对_____显示状态图层上的图素进行修改。

A. 工作层   B. 不可见   C. 仅可见   D. 可选的

87. 对倒圆的描述，下列哪种描述是错误的？_____

A. 增料倒圆与减料倒圆不宜共混应分别进行

B. 共点的边界圆角一定要同时进行

C. 倒变半径圆角时，半径 R 可定义为 0

D. 倒圆角可以与两侧向相切，也可相交

88. 修剪片体时，下列哪种对象不能用来作为修剪边界？_____

A. 片体   B. 曲线   C. 边缘   D. 实体

89. 进入草图环境后，当用光标位置建立曲线和定义它们的位置时，曲线建立在何处？_____

A. 绝对坐标系 B. 草图平面   C. 主平面   D. ZX 平面

90. 作为最佳实践，在单个部件文件中应使用多少个基本体素特征？_____

A. 一个   B. 两个   C. 3 个   D. 按需要

91. 所有成形特征需要什么类型面？_____

A. 安放面   B. 绝对坐标系面   C. WCS 面   D. 构造面

92. 什么是主模型概念允许的主要好处？_____

A. 可再用的模板 B. 并行工程   C. 概念建模   D. 组件建模

93. 在 NX 中，实体模型是由_____组成。

A. 特征   B. 点   C. 曲线   D. 直线

94. 已经在图形窗口中选择了一个对象，并需要确认你的选择，接受选择的方法是_____。

A. 选择 OK 选项 B. 单击鼠标中键 C. 单击鼠标左键，然后单击鼠标中键

D. 单击鼠标左键，再次选择对象，然后单击鼠标中键

95. _____对话框设置决定系统怎样和从何处装载组件部件。

A. 装载选项（Load Options）   B. 部件选项

C. 装配选项   D. 组件选项

96. 要选择一基准面时，_____是最佳选择处。

A. 一个边缘   B. 在基准平面区域内的任何地方

C. 在基准平面区域内但远离边缘   D. 使用一个围绕整个基准平面的选择矩形

97. 建立草图曲线时，要系统指定水平的或垂直的约束到相应的曲线，为了确保这个动作你应该做什么？_____

A. 设置捕捉角（Snap Angle）选项到 90   B. 设置捕捉角选项到小的正值

C. 利用平行到 XC 或平行到 YC   D. 利用捕捉垂直或水平选项

98. 一个负值不能用于一个尺寸约束，那么必须使用_____选项作用尺寸到相反方向。

A. 替换解（Alternate Solution）   B. 拖曳

C. Undo   D. 代替视图

99. _____对话框定义圆柱（Cylinder）将被建立的方向。

A. 矢量构造器   B. 工作坐标系（WCS）

C. 绝对坐标系（CSYS）   D. 以上都不对

100. 已经在图上建立了一个 TOP 视图和两个正交视图，所有这些视图的消隐线显示为虚线。但只需要一个正交视图不显示消隐线，为此应该利用_____。

A. 视图显示，设置线型到不可见   B. 视图显示，设置线宽到不显示

C. 注释参数预设置，设置线型到不可见   D. 注释参数预设置，设置线宽到不显示

101. 应该使用_____对话框显示全屏十字线。

A. 用户界面预设置   B. 制图预设置

C. 选择预设置   D. 屏幕显示预设置

102. 需要捕捉模型上两点间的距离，然后使用这个距离去控制别的对象，怎样可以做到？_____

A. 分析→距离、角度或弧长   B. 测量表达式

C. 偏置曲线   D. 信息→对象

103. 下列倒圆功能的哪一个有光顺度（Smoothness）控制选项？_____

A. 软倒圆（Soft blend）   B. 边缘倒圆（Edge blend）

C. 面倒圆（Face blend）

104. _____工具条用于建立直线、圆弧、圆和圆角以及提供快速存取修剪曲线对话框？

A. 基本曲线   B. 建立曲线   C. 曲线实体   D. 草图工具

105. 你已匆忙建立一草图并从那个草图建立了拉伸体，拉伸体与草图在同一层中，你的公司标准要求草图在不同层，下一步你应做什么？_____

A. 删除草图曲线，因为不再需要   B. 利用层移动对话框移动草图到要求的层

C. 利用层设置对话框移动草图曲线到要求的层

D. 选择草图曲线，利用层设置对话框移动它们

106. 在草图管理工具条中_____图标重定位视图，使得当草图激活时，直接在草图平面观察草图。

A. 当前视图→更新视图　　　　　　　B. 定位视图到模型（Orient View to Model）

C. 定位视图到草图（Orient View to Sketch）

107. 在草图管理工具条上_____图标将在对一激活草图改变之后，强制模型再计算。

    A. 草图求值　　　B. 不激活草图　　　　　C. 激活草图　　　　　D. 更新模型

108. 编辑一个组件阵列的参数，应该使用什么方法？_____

    A. 装配→编辑组件阵列　　　　　　　B. 编辑→特征→参数

    C. 编辑→变换→复制或移动　　　　　D. 装配→组件→添加或移除

109. 要在一个已存实体的两个平行面间建立一个中心基准面，应做什么？_____

    A. 选择一个平行面，加入一个偏置值　　B. 从基准面建立对话框选择 Center 选项

    C. 选择两个平行面，选择 Apply　　　　D. 从一个正交面建立一个 90 度面

110. 引用集的主要目的是_____。

    A. 连接组件几何体　　　　　　　　　B. 允许建立部件间表达式

    C. 观察一个组件的部件历史　　　　　D. 包括或排除在下一级装配中的组件对象

111. 有一个 E 尺寸格式的图纸，但对图纸上所示的部件需要使用一个公制格式，为此将要使用_____对话框。

    A. 编辑图纸　　　B. 注释参数预设置　　C. 视图相关编辑　　　D. 注释编辑器

112. 你发现你刚才在一张图纸上建立一个垂直尺寸，它显示错误的小数点位数。为了修正它，首先选择尺寸，然后_____。

    A. 利用视图显示参数预设置，改变精度　　B. 利用注释参数预设置，改变小数点位数

    C. 删除它，并再次建立尺寸　　　　　　D. 利用精度设置要求的小数点位数

113. 将倒 3 个圆边缘，如附图 A-4（a）所示。边缘 1、边缘 2 和边缘 3。边缘 1 和边缘 2 的半径是 15，边缘 3 的半径是 20，哪一种倒圆顺序将得到好的结果，如附图 A-4（b）所示，而不是坏的结果，如附图 A-4（c）所示。_____

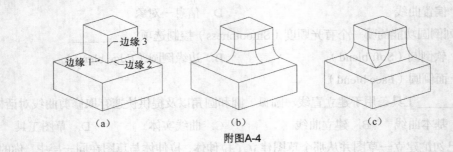

附图A-4

    A. 首先倒圆边缘 3，然后倒圆边缘 1 和边缘 2

    B. 首先倒圆边缘 1 和边缘 2，然后倒圆边缘 3

    C. 首先倒圆边缘 1，然后倒圆边缘 2，最后倒圆边缘 3

    D. 首先倒圆边缘 1，然后倒圆边缘 3，最后倒圆边缘 2

114. 附图 A-5 所示的定位方法是_____。

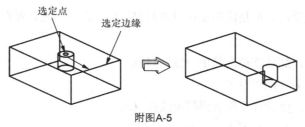

选定点　选定边缘

附图A-5

　　A．平行　　　　　　　B．点落到点上　　　　C．点落到线上

　　D．角度　　　　　　　E．水平

115．在尺寸标注对话框中，水平对齐选项（Horizontal）若为 Left，这个选项是参考以下哪个数据？_____

　　A．直径尺寸中的引导线的位置　　　　B．与尺寸延伸线有关的尺寸箭头的对齐

　　C．与部件有关的尺寸的对齐　　　　　D．调整尺寸中的多行文本左对齐

116．在两个部件之间添加装配约束时，哪一个部件会从先前的位置移动到满足装配关系的位置？_____

　　A．都不移动　　　　　　　　　　　　B．都移动

　　C．第一个被选择的部件　　　　　　　D．第二个被选择的部件

117．在曲线操作中，投影曲线操作用来_____。

　　A．创建复杂曲线的投射　　　　　　　B．投射阴影线的轮廓到一个二维平面上

　　C．投射点或曲线到曲面或者平面上　　D．把一个自由形状曲线拉伸为实体

118．下面哪些是表达式的要素？

　　A．名称、等号、公式　　　　　　　　B．公式、数值、单位、名称

　　C．名称、公式、量纲、单位　　　　　D．变量、公式、量纲、数值

119．想用一个点创建通过曲线网格特征，那么这个点_____。

　　A．只能作为主曲线　　　　　　　　　B．只能作为交叉曲线

　　C．都可以　　　　　　　　　　　　　D．都不可以

120．至少需要哪些数据才能创建桥接曲面？_____

　　A．两个侧面　　　　　　　　　　　　B．两个主面和任意两个侧面控制

　　C．两个主面和任意一个侧面控制　　　D．两个主面

121．怎样知道草图中还需要多少个约束来实现全约束？_____

　　A．看状态栏　　　　　　　　B．看草图对话框　　　　C．数自由度箭头

122．下列哪个命令可以使一个特征不显示？_____

　　A．隐藏特征　　　　B．抑制特征　　　　C．消隐特征　　　　D．无效特征

123．图层设置对话框中，要选中（高亮）4 个不相邻的层，要使用什么命令？_____

　　A．按住 Ctrl 键，选择每个层　　　　B．按住 Shift 键，选择每个层

　　C．依次双击每个层　　　　　　　　　D．按住 Shift 键，拖曳每个层

124. 你做了一系列修改，但是你的工作目录是只读的，系统不允许保存所做的修改。要怎样才能保存？_____

    A. 保存文件，然后移动到某个可读写目录

    B. 使用新名字保存文件

    C. 关闭文件，然后将其移动到某可读些目录

    D. 将文件另存为到某可读写目录

125. 想用通过曲线网格来创建一个闭合体。已经选了所有的闭合曲线作为主曲线，那么需要怎样选择交叉曲线才能生成一个闭合体？_____

    A. 选择"U 向闭合"   B. 选择"V 向闭合"

    C. 在"着重"选项中选择"两个"

    D. 将第一条交叉曲线也选为最后一条交叉曲线

    E. 用补片体或缝合来生成实体

二、多选题

1. 在使用以下何种方法时，能通过扫掠特征获得实体？_____

    A. 一个封闭的截面，同时体类型选项设置为实体

    B. 一个回转扫掠的开放截面，并定义回转角度为 360 度

    C. 带有拔模操作的开放截面   D. 带有偏置操作的开放截面

2. 系统定义的引用集有哪些？_____

    A. 整个部件（Entire part）   B. 空（Empty）

    C. 模型（Model）   D. 实体（Solid）

    E. 轻量化（Lightweight）   F. 简化的（Simplified）

    G. 全部（All）

3. 下列哪些选项可以通过尺寸约束来定位形状特征（Form Feature）？_____

    A. 已存在曲线   B. 已存在实体边   C. 已存在实体面（Face）

    D. 已存在表面（Surface）   E. 已存在实体   F. 已存在片体（Sheet）

    G. 基准面   H. 基准轴

4. 装配排列可以指定下列哪些种类？_____

    A. 活动   B. 省略   C. 使用   D. 不活动

5. 在创建草图时，可以通过下列哪些方法定义草图平面和草图方位？_____

    A. 在平面上   B. 在轨迹上（Path）

    C. 在片体上（Sheet）   D. 沿直线

6. 如何利用草图创建特征？_____

    A. 回转   B. 拉伸   C. 沿引导线扫掠   D. 构建自由曲面的轮廓

    E. 拉长   F. 缠绕   G. 动画

7. 下列哪些特征可以选择在特征引用阵列（Instance Feature）中使用？_____

A. 抽壳（Shell）　　　　B. 倒圆（Blend）　　　　C. 孔（Hole）

D. 凸台（Boss）　　　　E. 拉伸（Extrude）　　　F. 倒角（Chamfer）

G. 偏置面　　　　　　　H. 修剪体　　　　　　　I. 基准面

J. 布尔操作

8. 以下哪些情况下，将会自动生成系统表达式？_____

　　A. 生成一个特征　　　　　　　　B. 对草图标记尺寸

　　C. 约束装配　　　　　　　　　　D. 在制图中创建尺寸

　　E. 定位特征　　　　　　　　　　F. 阵列特征的参数

9. 下列选项中，哪些属性是可以从被导入当前零件的图形模板中直接继承的？_____

　　A. 视图成员　　　B. 视图比例　　　　C. 投影角度　　　D. 图纸名称

10. 在绘制工程图时，能用下列哪些方法来编辑图纸，如修改图纸大小名称等？_____

　　A. 选择编辑→图纸页

　　B. 用鼠标右键单击图纸边缘虚线框，选择编辑图纸页

　　C. 在部件导航器中，选择图纸节点，单击鼠标右键选择编辑图纸页

　　D. 在图纸空白处单击鼠标右键，选择编辑图纸页

　　E. 在制图编辑（Drafting Edit）工具条上单击编辑图纸（Edit Sheet）按钮

11. 下列哪些项是装配中组件阵列的方法？_____

　　A. 线性　　　　　B. 特征阵列（ISET）　　　　C. 球形

　　D. 圆形　　　　　E. 实例（Instance）

12. 创建基本曲线时，下列哪些几何可选？_____

　　A. 端点　　　　　B. 圆锥点　　　　C. 交点

　　D. 四分之一圆弧点　　　　　　E. 圆心/椭圆中心/球心

13. 当创建投影视图时，视图预览的种类有_____。

　　A. 着色（Shaded）　　　　　　　B. 隐藏线框（Hidden Wireframe）

　　C. 线框（Wireframe）　　　　　　D. 图框（Border）

　　E. 写实图片（Photo Realistic）　　F. 剖切的（Sectioned）

14. 欲在一个尺寸标注附加文本 2 PLS，则文本添加位置可以有哪些？_____

　　A. 尺寸数字之前　B. 尺寸数字之后　C. 尺寸数字之上　D. 尺寸数字之下

15. 你已经打开了几个不同的部件文件，并在其中一个部件文件中工作，如果想查看其他部件文件，可以通过_____。

　　A. Window 菜单　　B. File 菜单　　C. 资源条

16. 在选择两个对象进行角度标注时，如果标注的角度不符合你的需要，那么可以_____。

　　A. 在标注角度对话框中单击 Alternate Angle 图标来反向角度标注

　　B. 重新标注，反向选择两个对象

　　C. 当放置角度标注时，用鼠标右键单击选择 Alternate Angle

17. 层的状态有哪些? _____
    A. 工作   B. 可选   C. 仅可见
    D. 不可见   E. 编辑   F. 非活动

18. 创建键槽（Slot）时，有哪些种类? _____
    A. 矩形（Rectangular）   B. 球端（Ball-End）
    C. T 形槽（T-Slot）   D. U 形槽（U-Slot）
    E. 燕尾槽（Dove-Tail）   F. 圆柱形（Cylindrical）

19. 实体布尔操作有哪些? _____
    A. 合并   B. 相减   C. 相交
    D. 分割   E. 剪切   F. 挖空

20. 在装配导航器中，如何隐藏一个部件? _____
    A. 取消选择部件名称前的复选框   B. 在黄色小框上双击中键
    C. 在部件名称上单击鼠标右键选择 Blank D. 在部件名称上双击

21. 沟槽特征 Groove 可以置于下列哪些面上? _____
    A. 圆柱面   B. 圆锥面   C. 平面   D. 球面

22. 创建圆柱特征 Cylinder 有哪些方法? _____
    A. 直径，高度   B. 高度，圆弧   C. 半径，高度   D. 圆弧，拉伸

23. 创建沿引导线扫掠特征时，下列哪两种线串必须定义? _____
    A. 截面线串   B. 引导线串   C. 曲线线串
    D. 跟踪线串   E. 肩线串

24. 草图约束有哪些? _____
    A. 几何约束   B. 关系约束   C. 参数约束   D. 尺寸约束

25. 可以通过哪些方法删除图纸? _____。
    A. 选择编辑→删除图纸
    B. 在图纸边框上单击鼠标右键，选择删除
    C. 在部件导航器中用鼠标右键，单击图纸节点，选择删除
    D. 在图纸空白处单击鼠标右键，选择删除

26. 资源条有哪些内容? _____
    A. 对话框   B. 导航器   C. 菜单条   D. 面板

27. 如何在工具条上显示需要的按钮? _____
    A. 在工具条区域单击鼠标右键，选择定制命令
    B. 单击鼠标右键，选择显示命令
    C. 单击工具条上的 Add 和 Remove 按钮
    D. 将鼠标置于工具条上，单击

28. 下列哪些符号不能用于表达式的名称? _____

A. 惊叹号　　　B. 下画线　　　C. 双问号　　　D. 星号

E. 字母　　　F. 短画线　　　G. 数字

29. 下列哪些操作能把两个或多个实体组合成单个实体？_____

A. 求和　　　B. 求差　　　C. 缝合　　　D. 求交

30. 建立样条曲线的方法有_____。

A. 过极点　　　B. 过点　　　C. 拟合曲线　　　D. 与平面垂直

31. 下列建立曲面的命令中，可以设置边界连续性约束的有_____。

A. 直纹面　　　B. 过曲线　　　C. 过曲线网格　　　D. 扫掠

32. 在建模模块中，下列哪些操作可以平移模型？_____

A. 鼠标中键　　　　　　　　B. 鼠标右键+鼠标中键

C. 鼠标左键+鼠标中键　　　D. Shift+鼠标中键

33. 缩放体（Scale Body）操作有哪几种类型？_____

A. 均匀缩放（Uniform）　　　B. 轴对称缩放（Axisymmetric）

C. 常规缩放（General）　　　D. 本地缩放（Local）

E. 双边缩放（Bilateral）

34. 欲在两个面之间建立圆整而光滑的过渡面，而又需要定义相切曲线线串，那么可以使用哪些自由形状特征来创建？_____

A. 面内曲线　　　B. 桥接曲面　　　C. 面倒圆　　　D. 软倒圆

35. 怎样打开一个已存在的部件文件？_____

A. 选择文件→打开　　　　　　B. 选择格式→打开部件

C. 在标准工具条上单击打开图标　　　D. 在标准工具条上单击访问部件图标

E. 从资源条拖曳一个部件文件到图形区域

36. 在制图模块中刚刚创建了一个投影视图，发觉不需要，如何删除它？_____

A. 单击标准工具条上的取消图标　　　B. 在投影视图边框上右键单击选择删除

C. 在单击鼠标右键的弹出菜单中选择删除

D. 选择投影视图边框，然后单击标准工具条上的删除图标

37. 使用修剪（Trimmed）的方法创建N边曲面时，以下哪些是UV方位选项的内容？_____

A. 脊线　　　B. 距离　　　C. 矢量　　　D. 面积

38. 部件导航器有下列哪些功能？_____

A. 在单独的窗口中显示部件的特征历史　　　B. 在单独的窗口中显示部件的装配结构

C. 让用户在特征上执行操作　　　D. 显示特征间的父子关系

39. 在草图中，自由度箭头指示的方向可以是_____。

A. 水平　　　B. 垂直　　　C. ZC　　　D. 以上都不对

40. 下列属于面半径分析（Face Analysis-Radius）的显示类型的是_____。

A. 云图（Fringe）　　　B. 刺猬梳（Hedgehog）

C. 轮廓线（Contour Lines）   D. 边缘线（Edge Lines）

41. 在使用螺旋线（Helix）命令创建螺旋线时，需要指定哪些选项？ _____

    A. 圈数   B. 是否相关   C. 螺距   D. 半径方式

    E. 半径数值   F. 旋向

42. 选择编辑→视图→剖切线，可以编辑选择的剖切线。可以对剖切线进行下列哪些操作？

_____

    A. 添加段   B. 删除段   C. 移动段   D. 重新定义铰链线

43. 下列属于创建可变形组件时的表达式规则内容的是 _____。

    A. 无   B. 按整数范围   C. 按实数范围   D. 按选项

44. 下面哪些是创建线性组件阵列时方向定义中的选项？ _____

    A. 基准平面法向   B. 边缘   C. 中心   D. 基准轴   E. 面法向

45. 对于制图模块的注释，有 _____ 等几种文字类型。

    A. 尺寸   B. 附加文本   C. 公差   D. 一般

46. 在草图模块中，哪些曲线可以用于投影曲线操作？ _____

    A. 基本曲线   B. 所选平面的边缘   C. 其他草图中的曲线   D. 点

47. 草图中的替换解（Alternate Solution）操作可对 _____ 对象进行。

    A. 尺寸约束   B. 两相切圆弧   C. 直线和圆弧   D. 直线和圆弧相切

48. 延伸片体（Extension）主要包括以下哪几种类型？ _____

    A. 相切延伸   B. 法向延伸   C. 角度延伸   D. 圆弧延伸

    E. 规律控制延伸

49. 草绘圆弧可利用哪些方法？ _____

    A. 起点、终点、半径   B. 起点、终点、弧上点

    C. 相切两直线   D. 中心、起点、终点

    E. 起点、终点、直径

50. 要替换图形窗口中的当前视图，可以选择 _____。

    A. 鼠标右键→替换视图→视图名称   B. 视图→布局→替换视图→视图名称

    C. 视图→操作→需要的视图的原点   D. 视图→操作→回复→视图名称

51. 镜像体可以用哪些对象作为镜像面来镜像整个体？ _____

    A. 平面   B. 片体   C. 基准面   D. 柱面或锥面

52. 下列哪些可以进行拖曳操作？ _____

    A. 欠约束点   B. 约束的曲线   C. 未约束的曲线   D. 尺寸约束

53. 若一张图纸已有若干视图，现在需要创建正交视图，应（选）_____ 来确定该图视图的投射空间和对齐基准。

    A. 仅选顶视图   B. 除正交视图以外的任何视图   C. 任何视图

54. 若发现已标注好的一个垂直尺寸的小数位数不对，应先选择该尺寸，然后 _____。

    A. 使用注释预设置对话框，改变小数位数

    B. 使用视图显示对话框，改变精度

    C. 使用尺寸对话框中的精度来设置所需的小数位数

    D. 删除它，然后创建一个新的尺寸

55. 打开尺寸标注对话框后，若要改善已标注尺寸等内容的视图的可读性，应该_____。

    A. 选择一个尺寸，指定一个位置

    B. 选择对齐（Align），然后选择一个尺寸

    C. 选择其他尺寸，然后选择原点，指定一个位置

    D. 选择原点（Origin），然后选择一个尺寸，指定一个位置

56. 创建尺寸标注时，可以选择何种类型的控制点？_____

    A. 端点　　　　　　B. 交点　　　　　　C. 圆弧中心点　　　D. 切点

57. 创建尺寸标注时，为何放置（Placement）的选项是可用的？_____

    A. 是为了控制引线的放置　　　　　B. 是为了检查附加文本

    C. 是为了检查尺寸的值　　　　　　D. 是为了控制尺寸的位置

58. 定位编辑对话框有哪些选项？_____

    A. 增加定位尺寸　　B. 编辑定位尺寸　　C. 删除尺寸　　　　D. 移动尺寸

59. 在编辑对象显示中可以修改的有_____。

    A. 层　　　　　　　B. 边缘的颜色　　　C. 半透明度　　　　D. 边缘的线型

    E. 颜色

60. 下列哪些扫掠命令包含布尔操作？_____

    A. 拉伸体　　　　　B. 回转体　　　　　C. 沿引导线扫掠　　D. 管道

61. 执行 File→Save All 命令将保存_____。

    A. 工作部件　　　　　　　　　　　B. 显示的装配

    C. 在同一个阶段中，但不属于显示装配　D. 在同一个阶段中，属于显示装配

62. 对象的状态，在对象显示中可以修改的有_____。

    A. 层　　　　　　　B. 边线的颜色　　　C. 半透明度　　　　D. 边的线型

    E. 颜色

63. 角色可以管理用户界面的外观，下面哪些选项可以通过角色设置？_____

    A. 菜单栏中的选项　　　　　　　　B. 工具条中的按钮

    C. 按钮名称是否在按钮下显示　　　D. 创建一个新部件时，默认进入哪个应用

    E. 哪些条目在资源条中显示

64. 下列属性中，哪些是可以从被导入当前零件的图形模板中直接继承的。_____

    A. 视图成员　　　　B. 视图比例　　　　C. 投影角度　　　　D. 图纸名称

三、填空题

1. 草图参数设置（Sketch Preferences）对话框中的_____选项可以定义捕捉垂直、水平和正

交线的角度公差。

2. 可以通过导航器中的_____来观察和编辑已选定的特征的参数。

3. 通过_____命令，可以替换体和基准，还可以把独立的特征从一个体上重新依附到另一个体上。

4. 只有两条曲线的曲率是_____的情况下，它们才被认为是 G3 连续。

5. 在主窗口中，_____将对用户的每步操作给出反馈和确认。

6. 可以使用_____命令来从面、区域或者体上创建相关的副本。

7. 当所有的自由度箭头被去掉时，草图就实现了_____。

8. 在制图中，使用_____尺寸标注，就可以完成大部分尺寸标注。

9. 为了在一条曲线或者一个面上创建一组多重的点，可以使用_____命令。

10. 在部件导航器中，通过_____操作，能暂时从零件历史记录中去除和恢复一个特征，但是一些编辑操作仍然受该特征的影响。

11. 新创建的几何体放置于_____层。

12. 为了知道某一个层中对象的数目，可以在层设置对话框中打开_____选项。

13. _____命令可以将首尾相连的线串创建为一条样条曲线；_____命令可以在两条曲线之间创建一条曲线；_____命令可以从一条曲线创建首尾拟合的线串。

14. 输入位置数据以便工作的坐标系称为_____。

15. 为了使建立的模型可随时按需要变化，应确保模型特征的_____和_____。

16. 徒手画草图曲线时，画得稍微倾斜的直线，系统会自动将其变为垂直或水平，这是因为所画直线的斜度小于_____。

17. _____命令可以创建一个与已存在的装配结构相同的新的装配结构。

18. 在草图中，允许施加周长约束（Perimeter Constraint）的曲线类型是_____和_____。

19. 对草图进行合理的约束是实现草图参数化的关键所在，草图约束包括 3 种类型：_____、_____和定位约束。

20. 直纹特征（Ruled）的前两种对准（Alignment）方法包括_____和_____。

21. 扫掠特征（Swept）的引导线串最多可以有_____条，且必须相切连续；截面线串最多可有_____条。

22. 变化的扫掠特征的主截面是在草图中用_____选项建立的。

23. 通过_____命令可以创建与基础几何元素相距一定距离的曲线集。

24. 如果在装配导航器中显示多个相同的组件节点，可以在其中任意一个节点上用鼠标右键单击，选择_____命令，将它们打包变为一个节点，以后还可以在这个节点上用鼠标右键单击，选择_____命令解包。

25. 工作在装配环境下意味着_____是显示部件，_____是工作部件。

26. 检查间隙（Check Clearances）中的干涉类型有_____、_____和_____。

27. 装配加载对话框中的_____选项可以用于确保当使用部分加载时，所有引用的组件都被加载。

28. 部件间表达式和 WAVE 几何链接器可以在客户默认设置对话框中的 Assemblies→General →Interpart Modeling 选项卡中取消选中_____复选框而不激活。

29. NX 具有不同的应用（Applications），这些应用均由_____应用提供基础支持。

30. 打开多个部件文件后，在_____下拉菜单中可以选择哪个部件被显示在图形窗口，该下拉菜单最多含有_____个目前打开的部件。

31. 在工具条定制（Customize）对话框中选择 Layout 选项卡，选中_____复选框，即可激活袖珍型选择条。

32. 选择光标球的大小有_____、_____和_____3 种。

33. WCS 动态操作方式中，有_____、_____和_____3 种手柄。

34. NX 中总共有_____层，而每层上的对象数量没有限制。

35. NX 的复合建模包括_____、_____和_____。

36. 块（Block）体素特征的类型有_____、_____和_____。

37. 圆柱（Cylinder）体素特征的类型有_____和_____。

38. 圆锥（Cone）体素特征的类型有_____、_____、_____、_____和_____。

39. 球（Sphere）体素特征的类型有_____和_____。

40. 为了外化一个内部草图，在部件导航器中用鼠标右键单击拥有它的特征，选择_____命令。

41. 基准轴和基准面根据与对象的关联性可分为_____和_____。

42. 一个基准坐标系包括_____、_____和_____。

43. 沿引导线扫掠（Sweep Along Guide）最多可以选择_____条截面线串和_____条引导线串。

44. 矩形凸垫（Pad）和矩形型腔（Pocket）的长度参数是沿着_____方向测量的。

45. 型腔（Pocket）包括_____、_____和_____3 种类型。

46. 矩形型腔（Pocket）的拐角半径必须_____底面半径。

47. 特征引用阵列（Instance Feature）有_____、_____和_____3 种类型。

48. 矩形特征引用阵列的方向是基于_____坐标系。

49. 资源条可以通过_____菜单下的_____命令来控制显示。

50. 部件导航器中除了主面板外，还有_____、_____和_____面板。

51. 部件导航器中的细节（Details）面板用于显示当前所选特征的_____、_____和_____。

52. 使用_____命令可以回顾已使用的特征是怎样构建出模型的。

53. 可以利用_____命令来修改模型，而不用考虑它的来源、相关性和特征历史。

54. 偏置曲线（Offset Curve）时，当要取消在曲线偏置线串中的自交区时，利用_____选项。

55. _____是用户创建的一个定制特征，可以被其他部件使用。

56. _____命令从加载的装配组件提升体到装配级。

57. _____命令用围绕几何模型的外凸平面多面体来简化模型。

58. 偏置曲线（Offset Curve）的类型包括_____、_____、_____和_____。

59. 使用_____命令可以投影曲线、边缘、点到片体、表面、平面和基准面上。

60. 投影曲线（Project Curve）有 5 种投影方向方法，其中仅_____和_____是精确的，其他方法是使用建模公差近似的。

61. _____命令可以组合两条曲线线串成为空间三维曲线。

62. 表达式的名称可以使用_____、_____和_____，但必须以_____开头。

63. 使用_____命令可以建立由两组面、两个片体、两个实体、两个基准平面或任意两个组合相交而成的曲线。

64. _____是通过两个截面线串建立的一个片体或实体。

65. 过曲线（Through Curves）允许最多_____条截面线串创建体，这些截面线串和新建立的体是相关的。

66. 利用_____可以使用两个不同方向的网格曲线建立一个体，其中一个方向的曲线线串称为_____，另一个方向的曲线线串称为_____。

67. _____定义一个或多个曲线外形或截面沿着一个、两个或 3 个引导线串扫出的形状。

68. _____是沿一条路径可变地扫掠一个主截面建立的实体或片体。

69. _____允许利用二次圆锥面技术构造体。

70. 可以利用_____命令建立一个 B 样条曲面片体，以连接两个修剪的或不修剪的面。

71. _____可以用形成简单封闭环的任意数目曲线构建一个曲面。

72. 可以用_____命令建立相切到两组输入面的复杂倒圆面，通过选项修剪和附着倒圆面。

73. 面倒圆（Face Blend）使用_____和_____控制截面方向。

74. _____可以创建相切连续或曲率连续到两组面的非圆形横截面，其倒圆形状比其他类型倒圆更美观，重量更轻或抗应力特性更好。

75. _____命令利用端到端曲线串为片体边界生成平面片体，所选线串必须共平面，且形成封闭形状。

76. 定义通用型腔需要_____、_____、_____和_____4 个要素。

77. 定义通用凸垫需要_____、_____、_____和_____4 个要素。

78. _____命令可以通过缝合两个或多个片体在一起建立单个片体或一个实体，也可以通过缝合两个或多个实体在一起成为单个实体。

79. _____命令通过另一片体的面代替需要修改的面，从而修改实体或片体，也可以补一片体到另一片体。

80. _____命令可以偏置一个或多个连接的面或片体生成实体。

81. NX 中的电子表格分为_____、_____和_____3 种类型。

82. 选择工具条的选择范围下拉列表中的选项有_____、_____和_____。

83. _____可以从装配结构中的其他组件部件相关联地链接几何体到工作部件。

84. 利用_____定义在装配中一个或多个组件的选择性位置。

85. 在制图模块中，输入基本视图和_____可以完成三视图的添加。

86. 在修剪体操作中，箭头所指的方向为_____。

87. 过曲线网格特征（Through Curve Mesh）最多可以选择_____条主曲线线串和_____条交叉曲线线串。

88. 在制图中，如果选择"第三象限角投影"，那么左视图应放置在主视图的_____。

89. 工程制图中，中国国家标准（GB）规定的投影法则是第_____角投影法。

90. 在二次曲面（Section）中，Rho 数值在 0～0.5 的是_____曲线；等于 0.5 时是_____曲线；在 0.5～1 的是_____曲线。

91. 在 NX 中，选择区域的类型有矩形（Rectangle）和_____。

92. 在引用几何体（Instance Geometry）中，如果输入副本数为 10，那么完成后的总数应该为_____。

93. 在建模过程中，常常需要指定某点的位置，这时通常使用_____。

94. _____是建模过程中经常使用的工具，通过这一工具，NX 可以提供多种方法来捕捉点。

95. 在建模时，当系统提示需要定义方向和指定轴线位置时，往往使用_____，此工具允许通过多种方法构造方向。

96. _____特征可以利用几个简单的参数方便地描述长方体、圆柱、圆锥、球体。

97. 利用草图工具可以创建具有_____和_____的参数化截面。

98. _____是指利用给定的若干点拟合出的多项式曲线。

99. 极点是样条曲线的控制点，通过相邻的极点确定控制线，两条相邻的控制线确定样条的_____和_____。

100. 样条曲线的极点数目至少比阶次的数目多_____。

101. 单段样条曲线的控制点或通过点的数目最大只能是_____，即最大阶次为_____。

102. _____功能是对特征进行多个成组的镜像或复制，从而避免单一重复性操作。

103. _____在一个单独的窗口中以树型格式直观地再现了工作部件中的特征间父子关系，部件中的每个特征在模型树上显示为一个节点。

104. NX 装配是指通过关联条件在部件间建立_____，以确定部件在产品中的位置。

105. 组件对象是一个从装配部件链接到部件主模型的_____。

106. 扫掠是将对象沿着某个路径伸长、拉伸而形成的实体，由此，可以认为_____是一种沿着直线扫掠的特例，而_____是沿着圆或圆弧方向扫掠的特例。

107. 视图比例的数值格式有_____种。

108. 运用_____功能，便可最大程度简化 NX 的用户界面，此时，菜单栏以及工具栏中仅列出对用户必要的一些操作功能。

109. 资源条主要由_____、_____和_____3 部分组成。

110. 资源条上的_____使用户能够迅速打开近期使用过的文件。

111. NX 中默认有_____种部件显示渲染样式。

112. 在 NX 中，_____指的是一种联合的对象，这个对象包含了用户输入和定义的一系列操作。

113. 使用_____可以从多个对象中选择一个特定对象或多个对象。

114. 当按住鼠标右键时，基于不同的选择对象，在光标周围将出现由几个按钮组成的_____。

115. NX 默认提供了_____种标准视图以及一个_____和一个_____。

116. 使用_____命令可以将草图移动到另一个平面、基准面或轨迹上，而且可以定义草图的方向；但是平面、基准面或轨迹必须在创建草图之前创建。

117. _____命令可以将草图外部的对象沿着垂直于草图平面的方向投影到草图，创建曲线、曲线串或点。

118. _____是在装配体和装配体组件之间应用的表达式。

119. 抽壳（Shell）有_____和_____两种方式。

120. 可以通过_____在实体的面上添加或移除材料。

121. 可以使用_____命令来沿着一条引导线扫掠一个封闭或开口的截面轮廓，创建一个实体或片体。

122. _____命令可以为多个特征创建一个集合，可以给这个集合设置一个唯一的名称，并把它当成一个特征来进行操作。

123. N-边曲面有_____和_____两种类型。

124. 通过_____功能可以调整视图的边界，从而隐藏部分几何模型。

125. 当工作在装配环境下时，_____和_____的单位必须一致。

126. _____在一个单独的窗口中以图形的方式列出显示部件的装配结构，并提供了在装配中操控组件的快捷方法。

127. _____动态地或根据距离和角度的规律来创建现有基本片体的规律控制延伸。

128. _____可以改变一个曲面的大小，可以对其修剪，也可以不修剪。

129. 在使用偏置面（Offset Face）和偏置曲面（Offset Surface）功能无法完成对面的偏置操作时，可以使用_____命令大致偏置一个距离，从而创建一个没有自相交、锐边或拐角的偏置片体。

130. 可以使用_____建立一个值为 1 或 0 的表达式去抑制或解除抑制一个特征。

131. 你正在建立一个矩形引用阵列，沿 XC 方向需要有 7 个引用对象，应在 Number Along XC 域中键入_____。

132. 如果必须移动一个部件到一不同目录下，为了使 NX 知道从何处找到它们，需要在装配加载选项中定义_____。

133. 你已经使用一个部件的顶视图建立了一个正交视图，已设置视图显示对话框，因而在正交视图中的消隐线表现为虚线。然而在视图中有许多这样的虚线，为了便于观察，只要显示少许消隐线，可以将使用_____对话框实现。

134. 部件间的表达式有_____和_____两种形式。

135. 进行_____操作时，必须考虑工作坐标系的位置和方向。

136. 使用抽壳（Shell）命令时，可以用_____选项给不同的面分配不同的厚度。

137. 创建尺寸时，如果选错了对象，可以按_____键放弃选择，然后重新选择。

138. 如果想创建一条通过或临近一组定义好的点（在定义公差范围内），应使用_____方法。

139. 在草图中创建曲线时，如果希望创建一条没有自动约束的曲线，则需要按住_____键。

四、判断题

1. 正常退出 NX 时，会默认保存用户界面外观、布局、尺寸以及布置。（   ）

2. 矩形阵列的产生基于绝对坐标系的 X、Y 轴。（   ）

3. 使用抽取（Extract）命令从一个实体上抽取得到一个面，那么所得的片体总是和实体保持关联。（   ）

4. 只能在平面或者基准平面上创建键槽特征。（   ）

5. 对于多重段数的样条来说，它的阶数不能增加。（   ）

6. 任何表达式都可以通过表达式对话框的删除图标删除。（   ）

7. 为了更好地详细说明部件，可以"擦掉"视图中的对象（如边框），甚至对象的剖切线。（   ）

8. 编辑图纸尺寸时，视图的大小也会相应改变，以使其不会超出图纸边界。（   ）

9. 如果想创建一个和某个面呈一定角度的基准平面，必须选择一个面和一条基准轴或者一条直的边界。（   ）

10. 如果某层中的几何对象被添加到另一图层的草图中，该几何体会继续留在原图层中。（   ）

11. 不封闭的截面线串不能创建实体。（   ）

12. 可以不打开草图，利用部件导航器改变草图尺寸。（   ）

13. 可以一次给多个边倒圆，最后形成一个倒圆特征。（   ）

14. 向草图添加几何时，可以像创建草图那样自动添加约束。（   ）

15. 剖视图的名称目前是 $A—A$，可以将其改为 $D—D$。（   ）

16. 在制图模块中，基线尺寸标注和链式尺寸标注相似。（   ）

17. 启动 NX 后，只有与基本环境（Gateway）模块相关的工具条会自动出现，其他模块工具条需要手动显示。（   ）

18. 在制图模块中，可以往链式尺寸标注中添加单独的尺寸标注。（   ）

19. 在制图模块中，可以一次显示一个视图的名称和比例，也可以一次显示多个视图的名称和比例。（   ）

20. 在一个公制文件下工作，需要所有的尺寸标注均为公制，这意味着必须在创建尺寸标注之前就要全局设置好标注尺寸的单位。（   ）

21. 在创建尺寸标注时，可以同时创建公差标注。（   ）

22. 当拉伸一个封闭的轮廓时，可以得到实体或者片体。（   ）

23. 如果在草图中使用定位尺寸，建立几何约束或尺寸约束时不能引用外部对象；若引用了外部对象，则不能使用定位尺寸。（   ）

24. 动画尺寸（Animate Dimension）不改变草图尺寸，当动画完成时，草图返回它的原状态。（   ）

25. 内部草图在部件导航器中与外部草图一样都是显示的。（   ）

26. 定义图案表面（Pattern Face）中的矩形阵列图案时，其 X 轴和 Y 轴可以不正交。（   ）

27. 直纹特征只用两个截面线串建立，可以是片体，也可以是实体。（   ）

28. 过直线网格特征的主线串可以是一个点或一曲线的端点，但必须作为第一个或最后一个选择的线串。（　　　）

29. 扫掠特征（Swept）的截面线串不可以含有尖形拐角。（　　　）

30. 扫掠特征的引导线串如果形成封闭环，第一截面线串可被选为最后截面线串。（　　　）

31. 扫掠特征的截面线串可以是一个点或一条曲线的端点。（　　　）

32. 通用型腔和通用凸垫的放置表面必须是平面。（　　　）

33. 缝合（Sew）可以将两个或多个片体缝合在一起建立单个片体或一个实体，也可以将两个或多个实体缝合在一起成为单个实体。（　　　）

34. 可以通过补片体（Patch Body）命令在实体中建立不规则的孔。（　　　）

35. 装配导航器中的列项目可以定制。（　　　）

36. 在装配中，组件对象名称默认就是组件部件名称，不可以更改。（　　　）

37. 一个组件只有成为工作部件或显示部件之后，才能查看其引用集设置。（　　　）

38. 利用 WAVE 几何链接器复制到工作部件中的几何体总是与原始几何体保持关联。（　　　）

39. 抽取（Extract）命令、镜像体（Mirror Body）命令和 WAVE 几何链接器中的 Fix at Current Timestamp 选项的含义相似。（　　　）

40. 使用装配切割（Assembly Cut）命令时，建模模块和装配模块必须同时启动，且工具体必须是实体。（　　　）

41. 变形组件在定义时，如果未使用任何外部参照，则在装配中可以被定位和约束，否则不能被约束或移动。（　　　）

42. 基于特征的组件阵列创建之前，必须先创建装配约束到模板组件。（　　　）

43. 在 Excel 中执行存储家族（Save Family）命令，将同时保存家族电子表格和家族模板文件。（　　　）

44. 在 Excel 中定义了家族电子表格并保存后，会自动在家族成员的存储目录中创建实际的家族成员部件文件。（　　　）

45. 只能将部件家族成员添加到装配，家族模板部件本身不能添加。（　　　）

46. 在装配环境中对工作部件执行 File→Save As 命令时，将要求定义该工作部件的新名称以及所有引用该部件的装配的新名称。（　　　）

47. NX 视图区的默认视图定位（Orient View）是相对于工作坐标系而言的，即 *XC* 轴定义左右方位，*YC* 轴定义左右方位，*ZC* 轴定义上下方位。（　　　）

48. 提示栏（Cue Line）和状态栏（Status Line）可以水平或垂直放置在任何地方。（　　　）

49. 修改客户默认设置（Customer Defaults）对话框的设置后，设置将立即生效。（　　　）

50. 打开或新建一个部件文件，利用 Preferences 下拉菜单设置参数，设置将立即生效。（　　　）

51. 在 NX 窗口中可以水平或垂直地停靠工具条，也可以使工具条释放移动。（　　　）

52. 当移动选择球光标经过对象时，对象会以预览选择颜色高亮显示，可以通过设置关闭这个功能。（　　　）

53. 可以通过设置改变快速选择指示器光标出现而必须静止逗留的时间量。（   ）

54. 可以通过设置控制当前工具条状态在退出 NX 时是否保存。（   ）

55. 资源条的位置不能改变，只能放在左边。（   ）

56. 圆锥（Cone）体素实体特征可以建立圆锥，也可以建立圆台。（   ）

57. 在草图环境中，按下延迟更新按钮后，对草图曲线的任何操作都不会引起立即更新。（   ）

58. 在草图环境中，按下延迟更新按钮后，提示栏将不再提示过约束、完全约束和欠约束。（   ）

59. 表达式名在任何情况下都是不区分大小写的。（   ）

60. 不能删除被任一特征、草图、装配约束使用的表达式。（   ）

61. 开口截面线串拉伸后必定是片体。（   ）

62. 封闭截面线串拉伸后必定是实体。（   ）

63. 所有成型特征（凸台 Boss、孔 Hole、槽 Pocket、凸垫 Pad、键槽 Slot、沟槽 Groove）都必须建立在平面上。（   ）

64. 修剪体（Trim Body）命令只能用平面来修剪实体。（   ）

65. 在部件导航器中选择多个特征时，依附关系（Dependencies）面板将不显示特征的依附性。（   ）

66. 在保存部件文件时，不管之前有没有激活延迟更新命令，模型都会自动更新。（   ）

67. 图纸比例改变后，各个视图会自动改变位置，不至于超出图纸边界。（   ）

68. 图纸中的视图默认带边框，可以通过设置去除视图的边框显示。（   ）

69. 在图纸中，可以一次拖曳一个或多个视图。（   ）

70. 在建模时，可以在参数输入框中输入单位。（   ）

71. 草图必须在基准平面上建立，因此在建立草图之前必须先建立好基准平面。（   ）

72. 在草图中，当曲线被完全约束时，它的颜色发生相应变化。（   ）

73. 当创建可变半径倒圆时，每一个选中的边缘只能赋予一个半径值。（   ）

74. 使用表达式时，可用的电子表格软件是 Excel 和 Xess。（   ）

75. 在创建用户自定义特征之前，必须首先创建一个树形结构的库用于用户自定义特征。（   ）

76. 提升体（Promote Body）永远被关联到源对象，任一源对象的更改将反映在提升体中。（   ）

77. 装配切割（Assembly Cut）只改变装配中的模型，而不改变主模型。（   ）

78. 使用拆分体（Split Body）和修剪体（Trim Body）命令后，所有的参数化信息都将丧失。（   ）

79. 使用引用几何体（Instance Geometry）命令复制的几何体总是与原始几何体保持关联。（   ）

80. 独立的测量表达式只能编辑其名称，不能编辑其公式。（   ）

81. 使用相交曲线（Intersection Curve）对两个平面求交，只要选中 Associate 选项，则这两个平面的相交直线必定与这两个平面相关。（   ）

82. 如果建模模块已经激活，在部件导航器中的某一基准平面特征节点上双击，效果等同于在该节点上用鼠标右键单击，选择"带回退的编辑"（Edit with Rollback）。（   ）

83. 系统定义的模型（Model）引用集的名称不能更改。（   ）

84. 镜像装配（Mirror Assembly）既可以创建组件的对称版本，也可以创建组件的引用实例。（   ）

85. 可变形部件定义完成后，将在部件导航器中列出可变形特征。（　　　）

86. 装配排列只能对装配或子装配建立排列，不能对单个零件建立排列。（　　　）

87. 在默认情况下，厚度为正值时，抽壳（Shell）操作是从实体的外表面向实体内部按照指定的厚度抽空实体。（　　　）

88. 在创建凸台（Boss）时，可以同时指定拔模角。（　　　）

89. 在任何时候，工作层只能有一个。（　　　）

90. 不需要用到缺省的引用集全部（Entire）和空集（Empty）时，可以将其删除。（　　　）

91. 一个成形特征（比如凸台、孔等）必须用定位尺寸完全规定它的位置。（　　　）

92. 在编辑工程图时，投影角（Projection）参数只能在没有产生投影视图的情况下被修改，如果已经生成了投影视图，只有将所有的投影视图删除后，才可以修改投影角参数。（　　　）

93. 在装配导航器上也可以查看组件之间的定位约束关系。（　　　）

94. 在装配过程中，可以对其中任何零部件进行设计和编辑，也可以随时创建新的零部件。（　　　）

95. 在基本环境（Gateway）模块之外的任何一个设计应用模块中，基本环境模块包含的各项功能都是不可用的。（　　　）

96. 坐标系是任何造型系统必不可少的要素，NX 的坐标系分为工作坐标系（WCS）和绝对坐标系。工作坐标系是用户在建模时直接应用的坐标系，绝对坐标系是系统坐标系，可以有一个或多个绝对坐标系。（　　　）

97. 在一个模型文件中可以保存多个用户坐标系，但坐标系过多会在一定程度上干扰建模。（　　　）

98. NX 中强制用户在不同的图层中存放不同种类的对象。（　　　）

99. 绘制直线时，打断线串（Break String）按钮仅仅作用于正要绘制的一段直线。（　　　）

100. 水平参考方向是指用户自行定义的放置面上的一个方向，该方向用来作为定位的水平参考方向，即作为临时的 *XC* 参考轴。（　　　）

101. 沉头孔的各参数中，沉头直径必须大于等于孔直径，沉头深度必须小于孔深度，尖角为 0～180°。（　　　）

102. 在有孔的柱体上创建沟槽时，沟槽的直径必须大于孔的直径，因为工具体不能将目标体分为多个实体。（　　　）

103. 执行布尔运算操作时，目标体只能有一个，而工具体可以是一个，也可以多于一个。（　　　）

104. 镜像曲线命令是将草图中的几何对象以一条直线为对称中心，以该直线为轴进行镜像复制，复制的对象与原对象形成一个整体，并且保持尺寸和约束的相关性。（　　　）

105. 阵列后，目标特征与成员、成员与成员之间都是相互关联的，故对目标特征或阵列成员的参数进行编辑后，都会影响其阵列中的所有成员和目标特征。（　　　）

106. 用户可以选择实体上的一个或多个特征作为镜像的特征，但必须确保镜像后的所有特征都能与该实体接触。（　　　）

107. 在装配中，部件的几何体是被装配引用，而不是被复制到装配中。（　　　）

108. 当存储一个装配时，各部件的实际几何数据并不是存储在相应的部件文件中，而是存储在

装配部件中。（　　　）

109．系统不会沿用移去组件的关联条件到替换的组件上，替换组件与装配中的其他组件没有装配关系。（　　　）

110．在工程图中至少要有一个基本视图，因此首先应该添加一个基本视图。（　　　）

111．长方体（Block）的长度可以指定为负值。（　　　）

112．在未添加任何约束的草图中，一个圆有 3 个自由度。（　　　）

113．在草图中，快速修剪可以一次修剪多条曲线。（　　　）

114．在 NX 中 UV 网格直观显示曲面的质量，改变 UV 网格就可以改变曲面的参数及质量。（　　　）

115．一个布局（Layout）可允许用户同时在屏幕上最多排列 6 个视图。（　　　）

116．当一个尺寸被转化为参考对象时，将跟随标注对象的变化而变化，但对草图曲线的约束功能将失去。（　　　）

117．在使用"显示/移除约束"命令时，可以移除尺寸约束。（　　　）

118．使用复合曲线（Composite Curve）命令得到的曲线作为一个特征显示于部件导航器。（　　　）

119．创建的点集（Point Set）中的点都是相关的。（　　　）

120．含有冲突约束的草图不允许进行拉伸操作。（　　　）

121．可以从其他部件或组件往图纸上添加视图。（　　　）

122．在装配中，当建立特征引用集阵列时，必须通过装配约束定位作为阵列模板的组件。（　　　）

123．在 NX 中创建的曲线只会处在 X-Y 平面或与 X-Y 平面平行的平面内。（　　　）

124．NX 强制要求草图创建后必须将其完全约束。（　　　）

125．镜像实体（Mirror Body）与原来的实体相关联，其本身没有任何参数，因此不能在镜像体中编辑任何参数。（　　　）

126．使用修剪片体（Trimmed Sheet）时，修剪的边界必须是在片体上的曲线。（　　　）

127．采用延伸曲面（Extension）可对已有单一曲面上的边或曲线延伸切向、法向，但不能延伸角度。（　　　）

128．只能对一个面进行可变偏置（Variable Offset）操作。（　　　）

129．可以使用任意多个曲面创建偏置曲面（Offset Surface）特征，而且可以指定任意多个偏置距离。（　　　）

130．过曲线网格（Through Curve Mesh）命令所选的主截面线串和交叉线串必须相交。（　　　）

131．若正在利用垂直或水平定位尺寸定位一个孔，在选择目标边缘之前必须规定一个垂直或水平参考。（　　　）

132．利用镜像体功能，在镜像体特征建立之后，加到主体上的任一特征将自动显示在镜像的体上。（　　　）

133．为实体建立的一系列草图的名称将显示在部件导航器中。（　　　）

134．为了建立在孔中心与圆形阵列的旋转点间的相关性，可以将一个孔中心作为圆形阵列的旋转点。（　　　）

135. WCS 的位置和方向将影响凸垫特征的建立。（　　　）

136. 你正在建立一个矩形引用阵列，为了在正确方向阵列，可以在 XC 偏置域中使用一个负值。（　　　）

137. 一个已用定位尺寸定位的特征可以利用移动特征命令来移动。（　　　）

138. 添加一个凸垫特征到一个实体上时，必须选择一个布尔操作去联合凸垫成形特征与实体。（　　　）

139. 修剪片体（Trimmed Sheet）是一种相关与参数化的特征，在建立之后可随时修改修剪边界、投射方向和被保留区或修剪区。（　　　）

140. 草图可以导出（Export）为一个用户定义特征。（　　　）

141. 当一个组件部件是部分装载时，没有参数化数据被装载。（　　　）

142. 当使用装配→替换引用集（Assemblies→Replace Reference Set）选项代替在一个子装配中的引用集时，为了传递在子装配中引用集的改变，顶级装配必须是工作部件。（　　　）

143. 正利用 WAVE 几何链接器时，工作部件应是含有将被链接几何体的部件。（　　　）

144. 部件家族（Part Families）是用于定义几何形状配置完全相同，而尺寸大小不同的系列零件。（　　　）

145. 只有加约束的草图曲线才有参数，普通曲线都是没有参数的。（　　　）

146. 在 NX 工程制图中，可以直接用草图画二维图，而不是用三维实体投影出二维图。（　　　）

147. 只有对欠约束的草图，才可以做动画（Animation）和拖曳（Drag）的操作。（　　　）

148. 抑制一个特征组（Group Feature）也将抑制它的所有成员特征。（　　　）

149. 为了在圆上建立一条相切线，切线应选择在圆控制点上。（　　　）

150. 在创建一个装配的过程中，如果选择了从上到下的装配模式，那么不能在从上到下和从下到上两种模式之间来回转换。（　　　）

151. 抽壳时输入的厚度值，默认是通过原始的外表面向内测量得到的。（　　　）

152. 能在 NX 中同时打开或加载多个部件。（　　　）

153. 在制图环境中创建的所有对象在实体模型中是不可见的。（　　　）

154. 创建了装配排列的零件必须是装配体或者子装配体，不能为单个零件创建装配排列。（　　　）

五、问答题

1. 简述时间戳记非激活和激活状态的不同之处。

2. 试述草图的创建步骤。

3. 自顶向下和自下而上设计有什么不同点？

4. 请列举至少 4 种曲线（Curve）在选择意图（Selection Intent）中的选择规则。

5. 请说出草图的 3 种约束状态。

6. 怎样从现有的片体创建实体？

7. 矩形键槽（Slot）创建时必须选择哪两个对象？

8. 在制图模块中对 45° 倒角进行标注，在创建标注之前，可以先进行哪些全局性设置？

9. 一个部件文件中有螺纹特征，在制图中显示螺纹时可以有几种标准形式？

10. 草图中自动约束的类型有哪些？

11. 草图中，投影曲线（Project Curve）的输出类型有哪些？

12. 如何在部件导航器中显示内部草图？

13. 在表达式对话框中，Listed Expressions 下拉列表中包括哪些类型？

14. 可以用哪两种方法注释表达式？

15. 图案表面（Pattern Face）的类型有哪些？

16. 曲线偏置有哪几种类型？

17. 试比较直纹特征和过曲线特征。

18. 面分析有哪几种类型？

19. 在部件家族模板文件中创建了家族成员电子表格后，有哪两种方法可以创建实际的家族成员部件文件？

20. 试列出 4 种代替组件的方法。

21. 当用鼠标右键单击特征、通用对象、组件时，弹出的菜单各有什么内容？

22. 通常在建立模型时，选择工具条包括哪几个部分？

23. 在 WCS 动态操作方式下，利用操作手柄可以对 WCS 进行哪几种操作？

24. 内部草图与外部草图的区别是什么？

25. 基准面的用途有哪些？

26. 基准轴的用途有哪些？

27. 有预定义形状的标准成形特征有哪些？

28. 拔模（Draft）包括哪几种类型？

29. 哪些特征不能建立特征引用阵列（Instance Feature）？

30. 请列举至少 4 种面（Face）在选择意图（Selection Intent）中的选择规则。

31. 可以通过哪几种方法重新排列特征时序？

32. 可以通过哪些方法来为实体指定密度？

33. 在装配环境中选择 Save、Save All 和 Save Work Part Only 命令有什么区别？

34. 同步建模通常用于什么场合？

35. 试叙述为主模型建立图纸的操作步骤。

36. 可以用哪些方式添加用户自定义特征到模型中？

37. 可以用哪些方式创建用户自定义特征？

38. 如果建模模块已经激活，在部件导航器中用鼠标右键单击任一特征节点，试述在弹出的快捷菜单中，编辑参数（Edit Parameters）和带回退的编辑（Edit with Rollback）二者的区别。

39. WAVE 几何链接器可以复制哪些类型的几何体？

40. 进入工具条定制对话框主要有哪几种方式？

41. 基准坐标系的用途有哪些？

42. 编辑特征可以通过哪些方式进入？

43. 抑制特征（Suppress Feature）有哪些用途？

44. 从图纸中删除视图有哪几种方法？

45. 部件导航器有哪些功能？

46. 定义一水平或垂直参考时，可以选择那些对象？

47. 草图可以有哪些用途？

48. 请指出附图 A-6 中鼠标右键弹出菜单对应的选择对象。

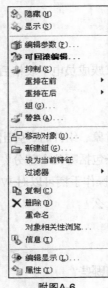
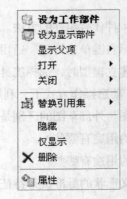

附图A-6

49. 请列举 NX 的 4 种成型特征。

50. 在 NX 装配环境下，工作部件和显示部件的含义分别是什么？

51. 请列举 4 种创建主片体的方法。

52. 图纸中可以插入哪些基本视图种类？

53. NX 中下面的操作可以使用哪些快捷键？

　　（1）刷新（Refresh）

　　（2）适合窗口（Fit）

　　（3）缩放（Zoom）

　　（4）旋转（Rotate）

附录B　上机练习题

一、草图练习

1. 创建一个公制 part 文件，应用 Sketch 模块绘制附图 B-1～附图 B-7 所示的草图。

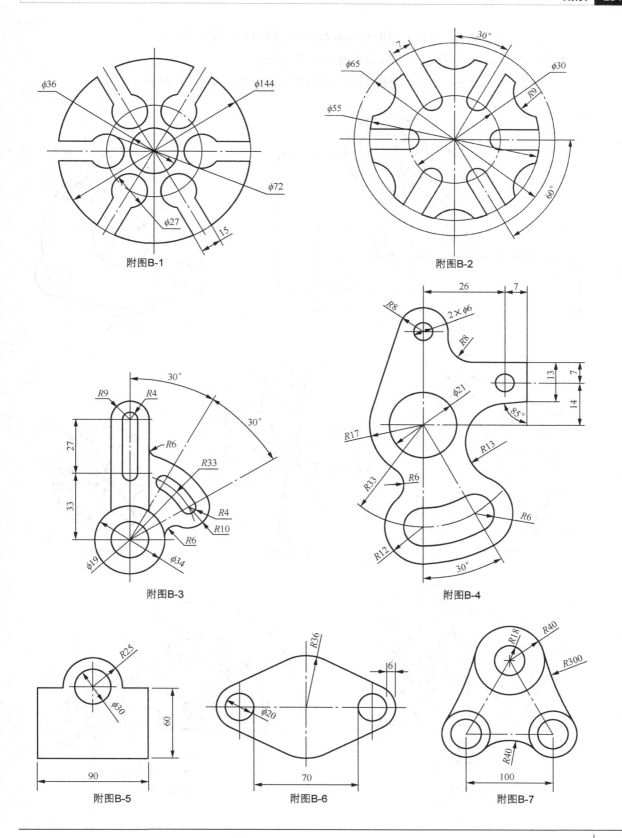

附图B-1

附图B-2

附图B-3

附图B-4

附图B-5

附图B-6

附图B-7

2. 创建一个公制 part 文件，应用 Sketch 模块绘制附图 B-8 所示的草图。

要求：$R100$ 与 $R80$ 不同心，$R80$ 圆弧过 $\phi40$ 圆弧圆心。

3. 创建一个公制 part 文件，应用 Sketch 模块绘制附图 B-9～附图 B-20 所示的草图。

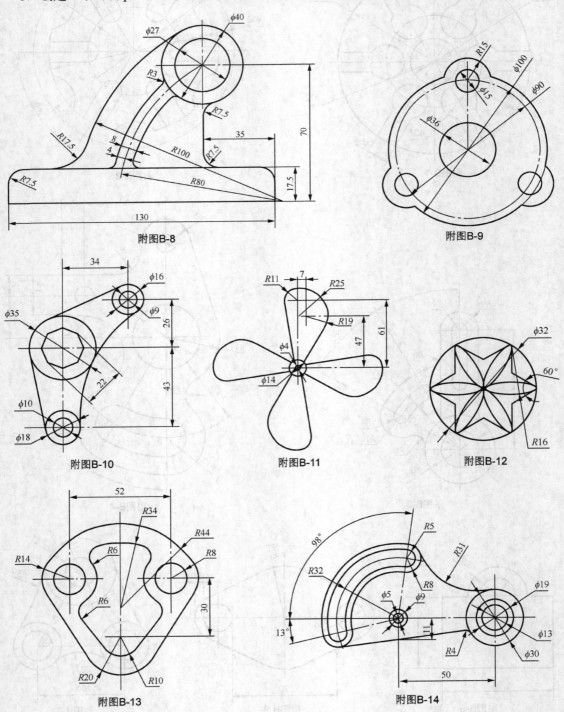

附图 B-8

附图 B-9

附图 B-10

附图 B-11

附图 B-12

附图 B-13

附图 B-14

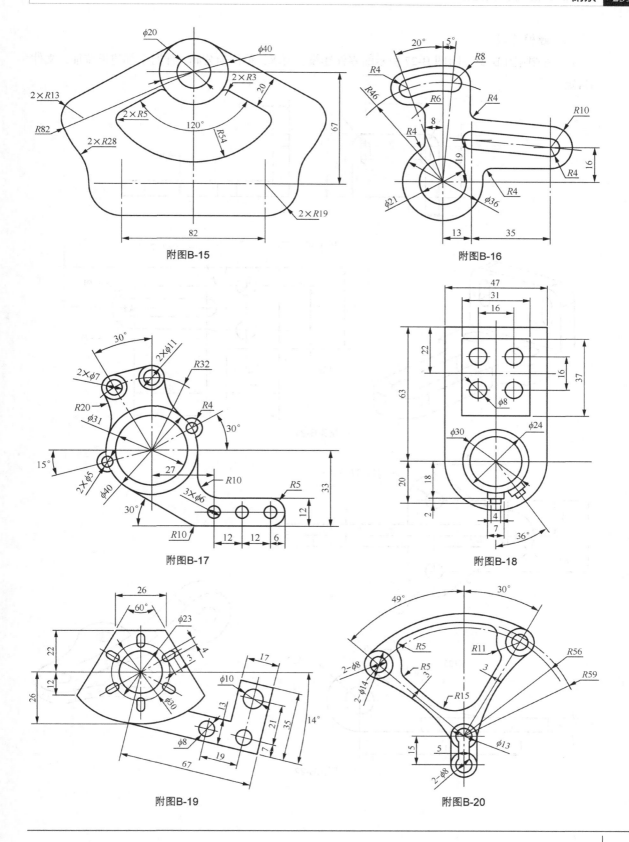

附图 B-15

附图 B-16

附图 B-17

附图 B-18

附图 B-19

附图 B-20

二、建模练习

1. 完成附图 B-21～附图 B-27 所示的零件建模。要求：单位为公制，保留全部建模特征，文件名自定。

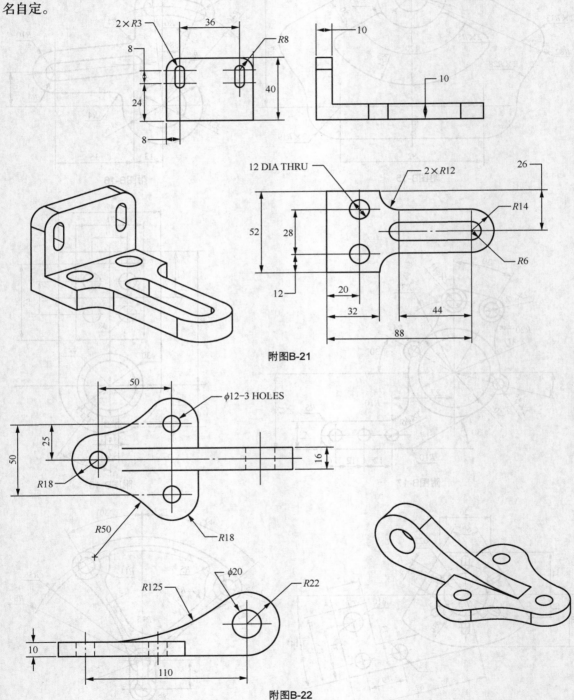

附图B-21

附图B-22

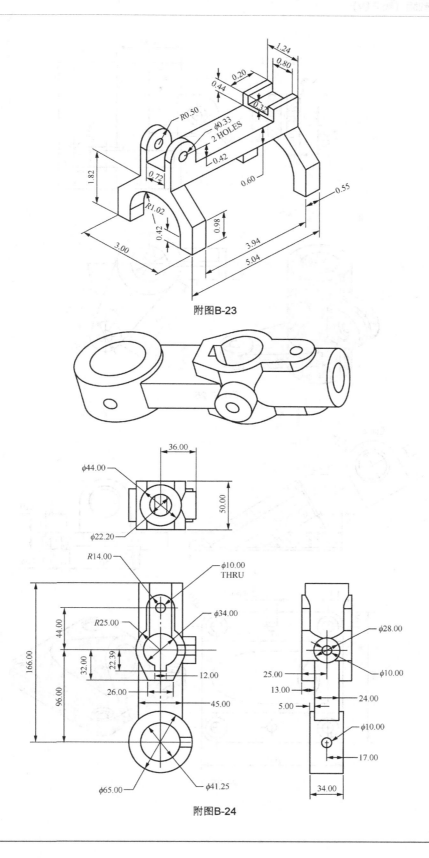

附图B-23

附图B-24

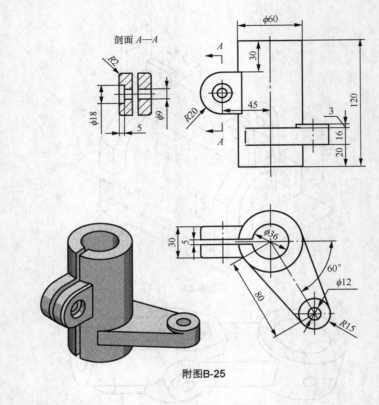

剖面 *A—A*

附图B-25

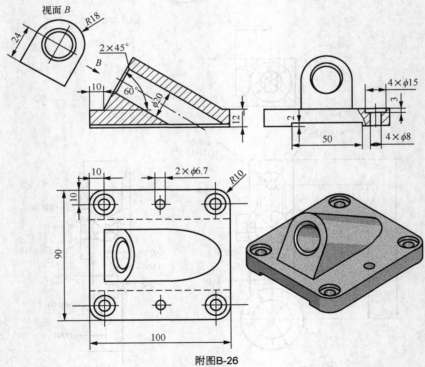

视面 *B*

附图B-26

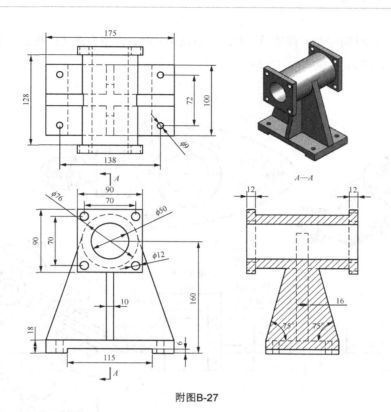

附图B-27

2. 完成附图 B-28 所示的零件建模。要求：单位为公制，保留全部建模特征，文件名自定。

图中，A=104，B=31，C=68，D=57，E=1.3。

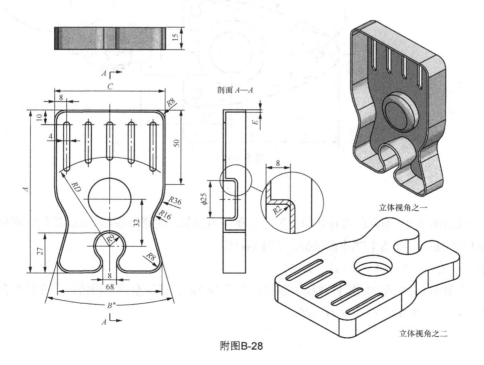

附图B-28

3. 完成附图 B-29 所示的零件建模。要求：单位为公制，保留全部建模特征，文件名自定。

图中，A=55，B=36，C=29，D=26。

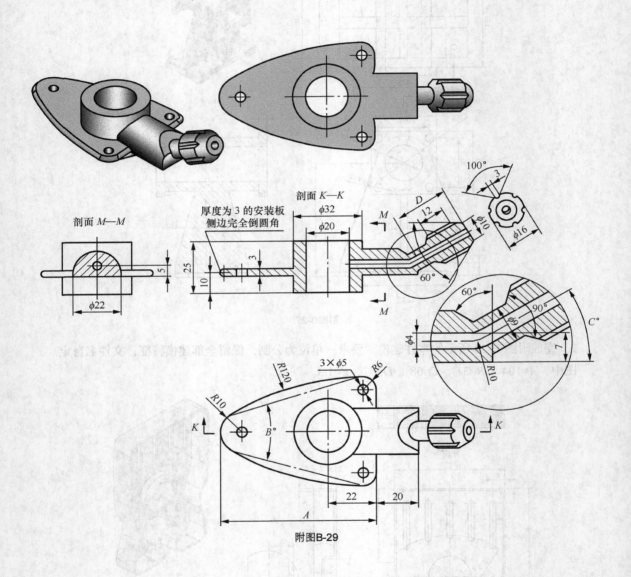

附图B-29

4. 完成附图 B-30 所示的零件建模。要求：单位为公制，注意除底部 8mm 厚的区域外，其他区域壁厚都是 5mm。保留全部建模特征，文件名自定。

图中，A=128，B=104，C=63，D=31。

5. 完成附图 B-31 所示的零件建模。要求：单位为公制，保留全部建模特征，文件名自定。

图中，A=78，B=30，C=30，D=100。

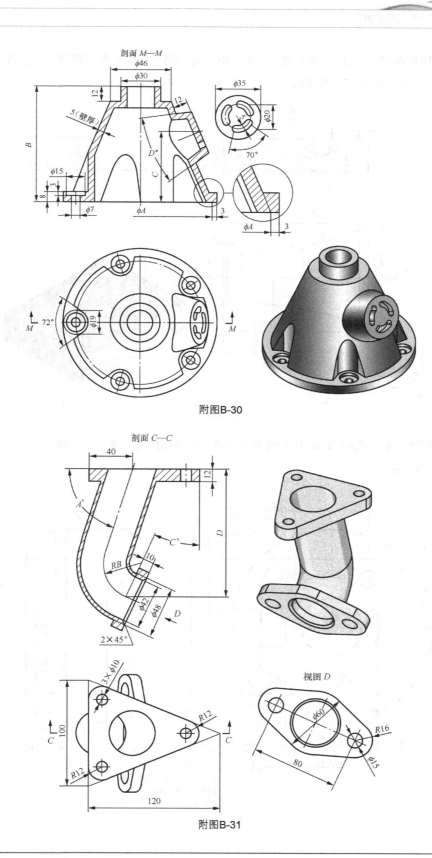

剖面 M—M

附图B-30

剖面 C—C

视图 D

附图B-31

6. 完成附图 B-32 所示的零件建模。要求：单位为公制，保留全部建模特征，文件名自定。图中，*A*=7，*B*=90，*C*=7，*D*=26，*E*=80，*F*=260，*G*=58。

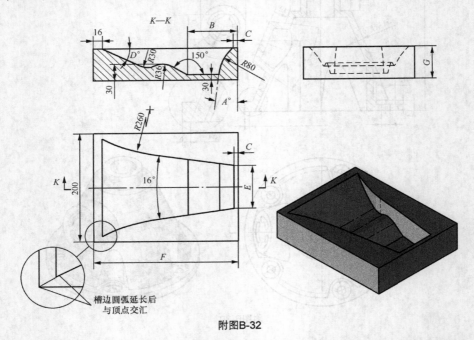

附图B-32

7. 完成附图 B-33～附图 B-49 所示的零件建模与零件图出图。要求：单位为公制，保留全部建模特征，文件名自定。

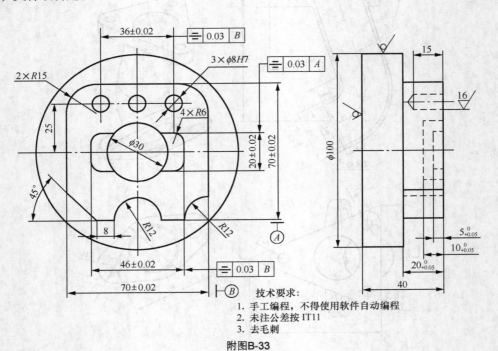

附图B-33

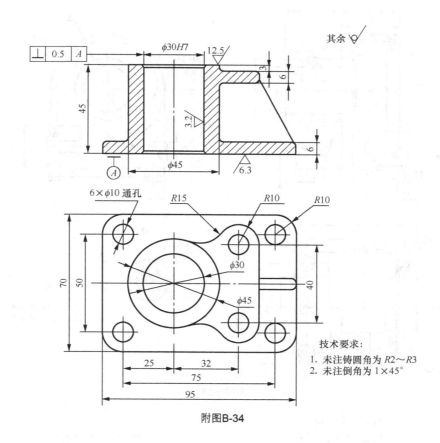

附图B-34

技术要求:
1. 未注铸圆角为 R2~R3
2. 未注倒角为 1×45°

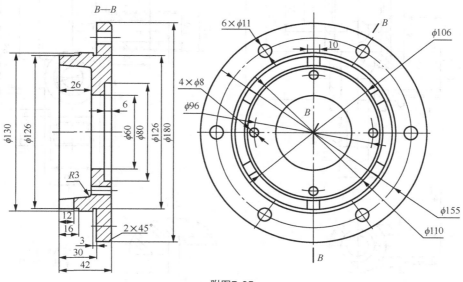

附图B-35

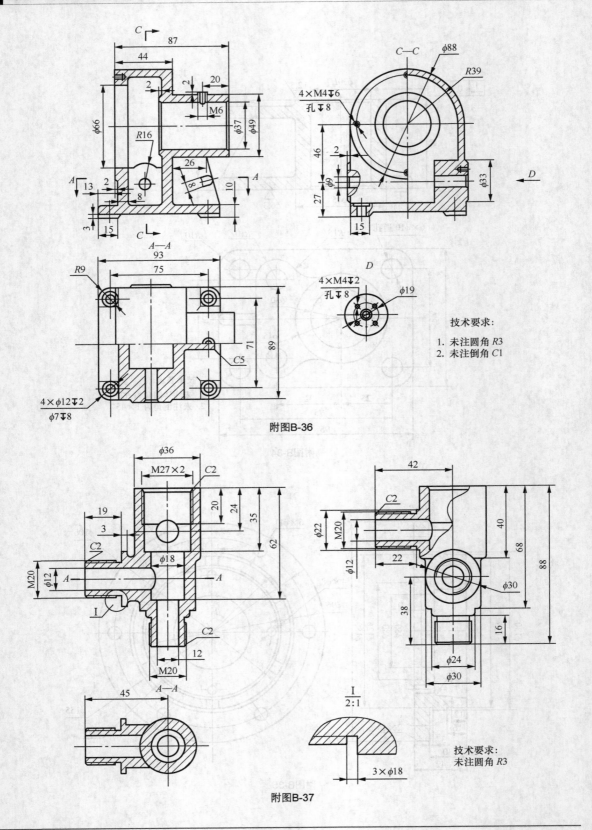

附图B-36

附图B-37

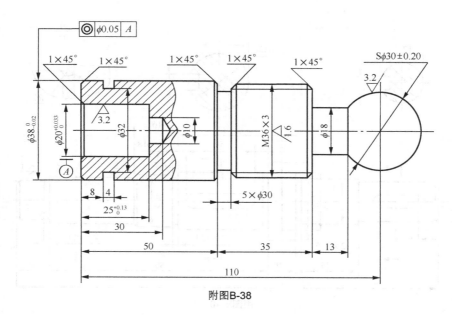

附图B-38

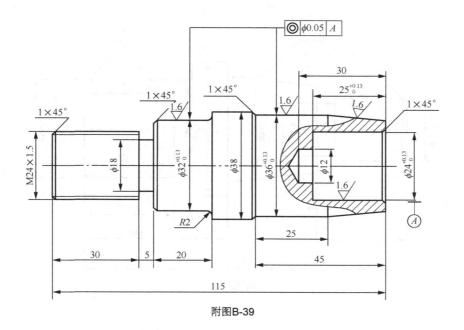

附图B-39

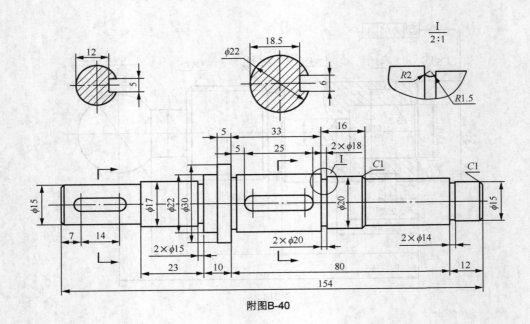

附图B-40

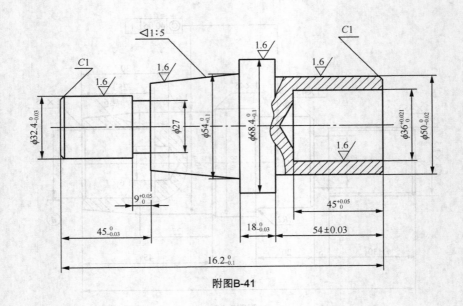

附图B-41

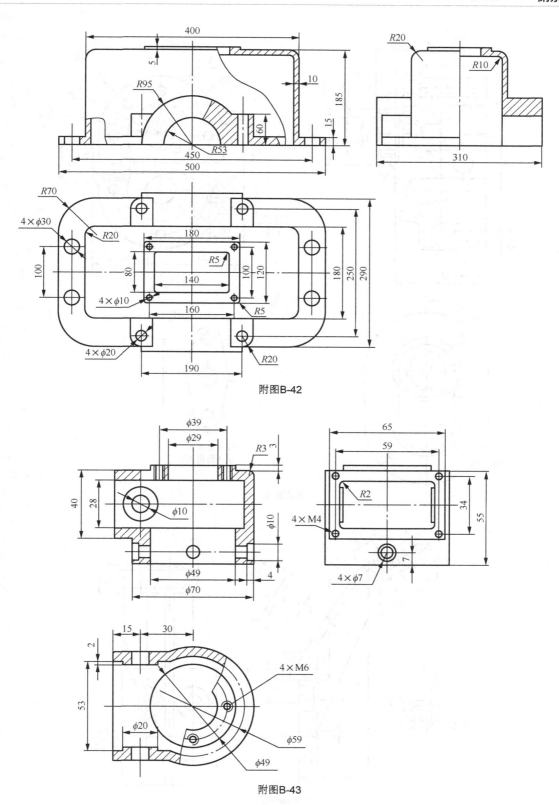

附图B-42

附图B-43

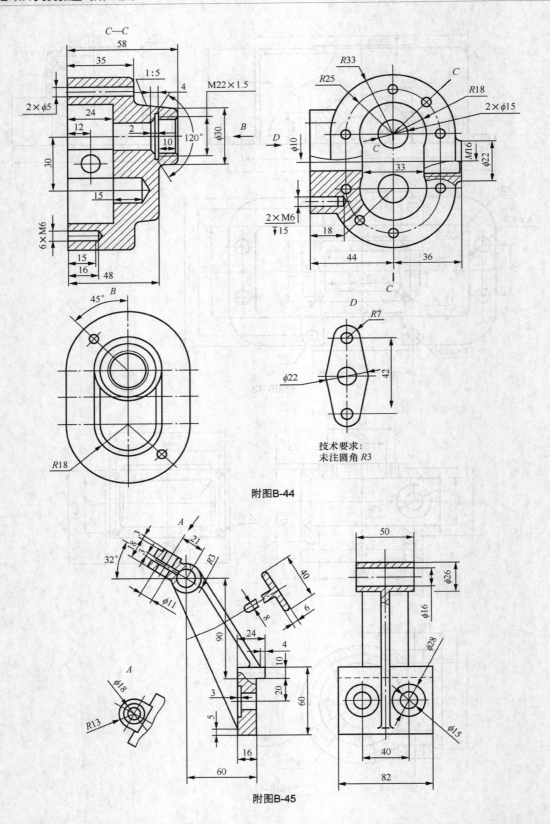

附图B-44

技术要求：
未注圆角 R3

附图B-45

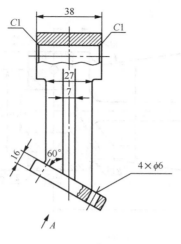

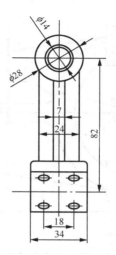

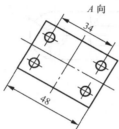

技术要求：

1. 未注圆角 R3
2. 铸件不得有气孔、裂纹等缺陷

附图B-46

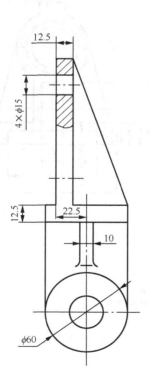

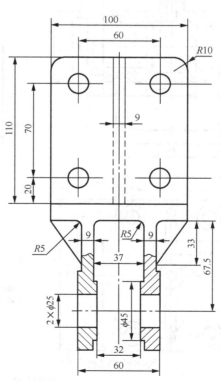

附图B-47

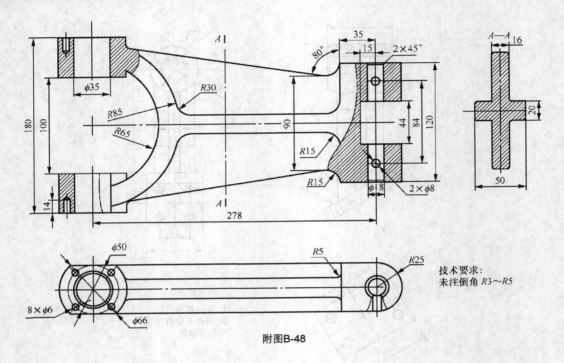

技术要求：
未注倒角 R3～R5

附图B-48

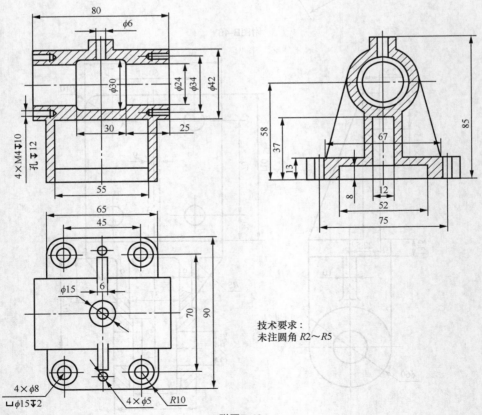

技术要求：
未注圆角 R2～R5

附图B-49

8. 完成附图 B-50～附图 B-67 所示的零件建模。要求：单位为公制，保留全部建模特征，文件名自定。

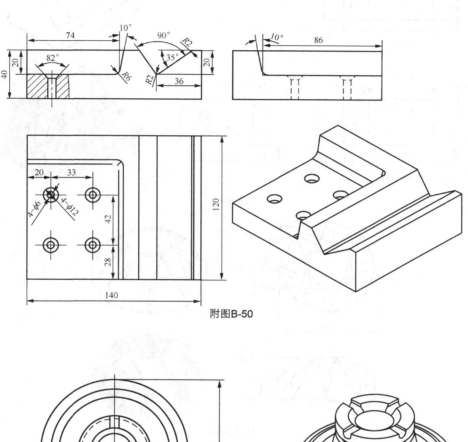

附图B-50

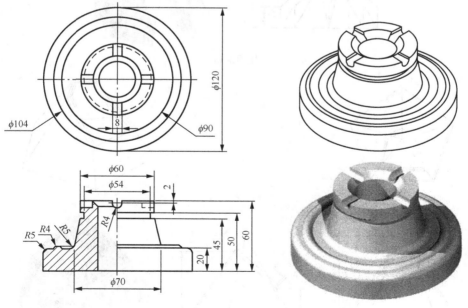

附图B-51

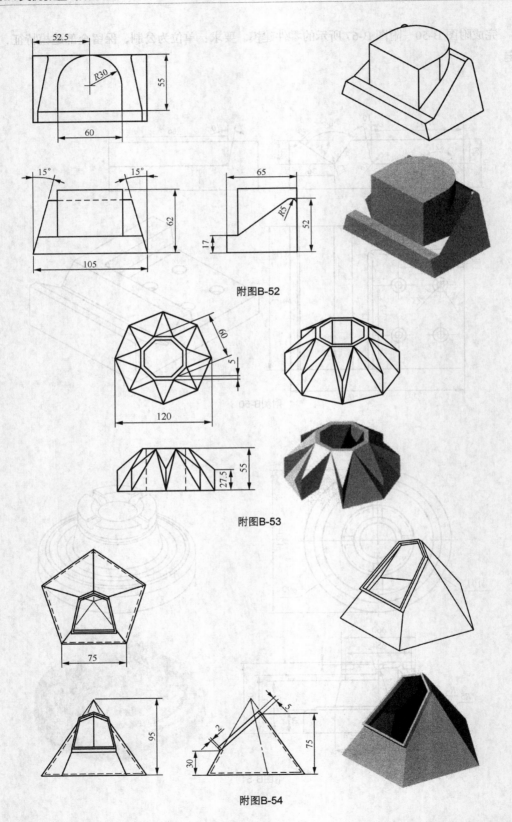

附图B-52

附图B-53

附图B-54

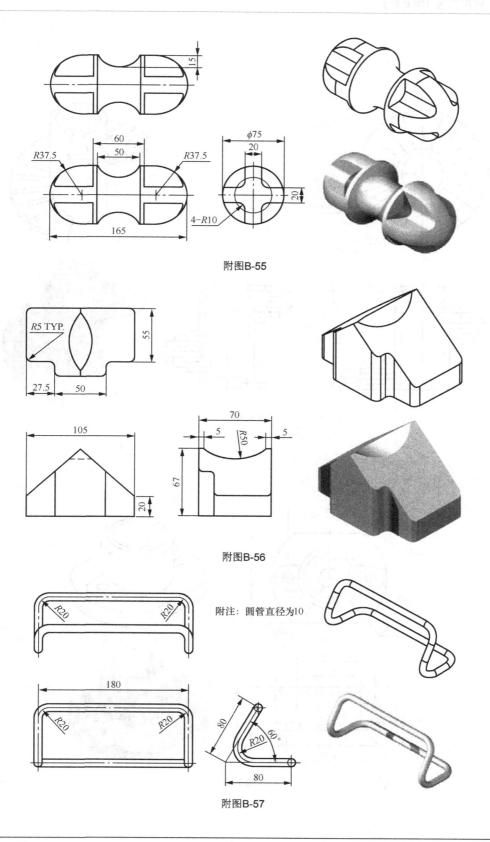

附图B-55

附图B-56

附注：圆管直径为10

附图B-57

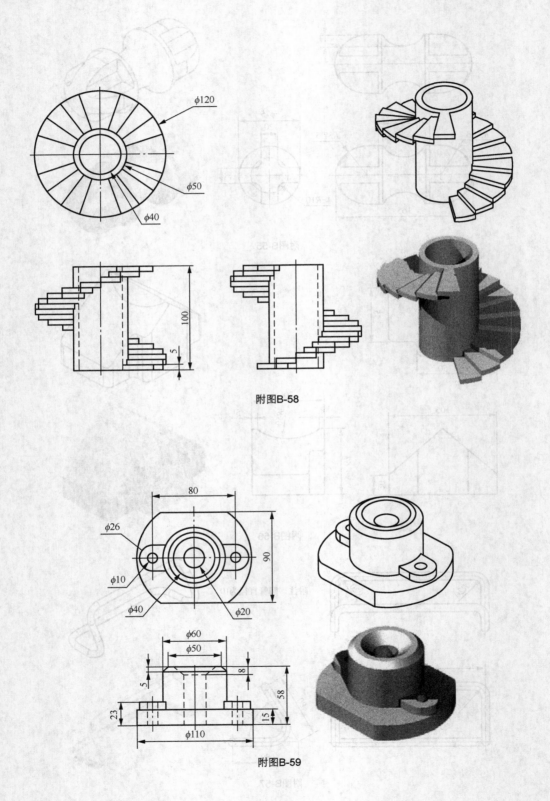

附图B-58

附图B-59

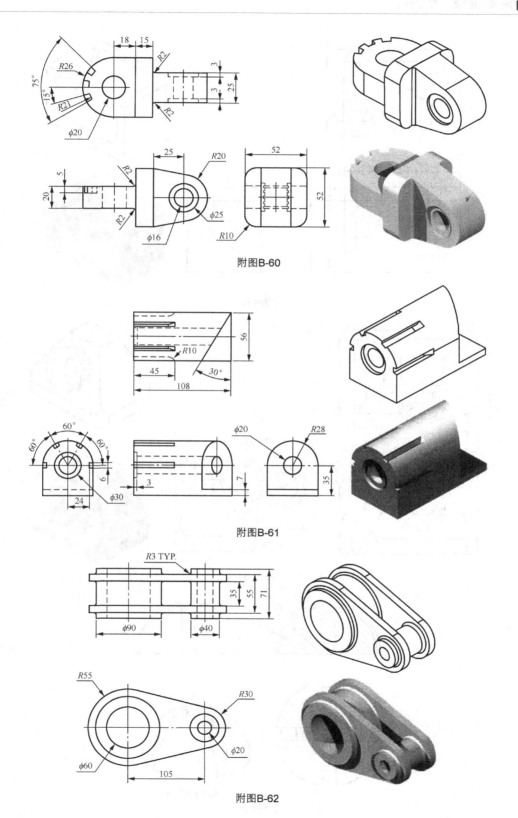

附图B-60

附图B-61

附图B-62

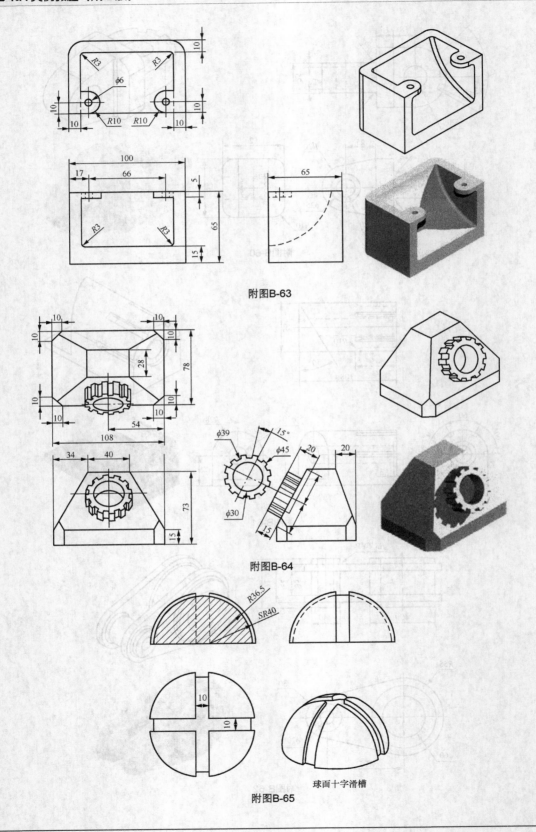

附图B-63

附图B-64

球面十字滑槽

附图B-65

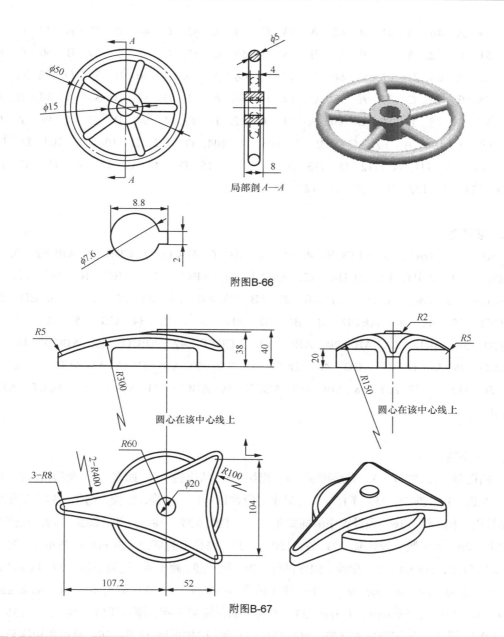

局部剖 A—A

附图B-66

圆心在该中心线上

圆心在该中心线上

附图B-67

附录C 理论笔试练习参考答案

一、单选题

1. D 2. A 3. D 4. C 5. B 6. A 7. A 8. B 9. A 10. A 11. C 12. B 13. A
14. C 15. A 16. C 17. D 18. C 19. B 20. C 21. A 22. A 23. A 24. B 25. A
26. E 27. B 28. D 29. D 30. A 31. A 32. A 33. D 34. A 35. D 36. D 37. B

38. B　39. A　40. A　41. A　42. A　43. C　44. A　45. C　46. B　47. B　48. C　49. B　50. B　51. D　52. A　53. B　54. B　55. C　56. C　57. C　58. C　59. B　60. C　61. D　62. C　63. A　64. D　65. C　66. B　67. B　68. A　69. D　70. B　71. D　72. C　73. B　74. B　75. B　76. C　77. A　78. C　79. B　80. A　81. C　82. B　83. A　84. D　85. B　86. A　87. D　88. D　89. B　90. A　91. A　92. B　93. A　94. B　95. A　96. A　97. B　98. A　99. A　100. A　101. C　102. B　103. A　104. D　105. B　106. C　107. D　108. A　109. C　110. D　111. A　112. B　113. A　114. C　115. D　116. C　117. C　118. A　119. A　120. D　121. A　122. B　123. A　124. D　125. D

二、多选题

1. ABD　2. ABCE　3. ABCGH　4. BC　5. AB　6. ABCD　7. CDE　8. ABCEF　9. ABCD　10. ABCE　11. ABD　12. ACDE　13. ABCD　14. ABCD　15. ABC　16. AC　17. ABCD　18. ABCDE　19. ABC　20. AC　21. AB　22. AB　23. AB　24. AD　25. ABC　26. BD　27. AC　28. ACDF　29. AC　30. ABCD　31. BC　32. BD　33. ABC　34. CD　35. ACE　36. ABD　37. ACD　38. ACD　39. AB　40. ABC　41. ACDEF　42. ABCD　43. ABCD　44. ABDE　45. ABCD　46. ABCD　47. ABD　48. ABCD　49. BD　50. AB　51. C　52. ACD　53. C　54. C　55. A　56. ABCD　57. AD　58. ABC　59. ACDE　60. ABCD　61. ABCD　62. ACDE　63. ABC　64. ABC

三、填空题

1. 捕捉角　2. 细节　3. 替换特征　4. 相切　5. 状态栏　6. 抽取　7. 全约束　8. 自动判断　9. 点集　10. 抑制　11. 工作　12. 显示对象数目　13. 连接，桥接，简化　14. 工作坐标系　15. 参数化，相关性　16. 预设置中的捕捉角　17. 装配克隆　18. 直线，圆弧　19. 几何约束，尺寸约束　20. 等参数，等弧长　21. 3，150　22. 路径上的草图（Sketch on Path）　23. 偏置曲线　24. Pack，Unpack　25. 装配，组件部件　26. 软干涉，硬干涉，接触干涉　27. Load Interpart Data　28. Allow Interpart Modeling　29. 基本环境 Gateway　30. Window，10　31. Show Selection MinBar　32. Small，Medium，Large　33. 平移手柄，旋转手柄，原点手柄　34. 256　35. 基于特征的参数化设计，传统的显式建模，可处理任何几何模型的同步建模　36. 原点和边缘长，两点和高，两个体对角点　37. 轴、直径和高，圆弧和高　38. 直径与高，直径和半角，底直径、高和半角，顶直径、高和半角，两个同轴圆弧　39. 中心点和直径，圆弧　40. Make Sketch External　41. 相对的，固定的　42. 1个坐标系，3个基准面，3个基准轴，1个原点　43. 1，1　44. 水平参考方向（X方向）　45. 圆柱形型腔，矩形型腔，通用型腔　46. 大于或等于　47. 矩形阵列，圆形阵列，图案表面　48. 工作　49. 视图（View），显示资源条（Show Resource Bar）　50. 依附关系（Dependencies），细节（Details），预览（Preview）　51. 特征参数，定位参数，抑制表达式　52. 特征回放（Playback）　53. 同步建模　54. 粗糙偏置　55. 用户自定义特征　56. 提升体（Promote

Body）　57. 缠绕几何体（Wrap Geometry）　58. 距离，拔模，规律控制，三维轴　59. 投影曲线（Project Curve）　60. 沿面的法向，沿矢量投影到平面　61. 组合投影（Combined Projection）　62. 字母，数字，下画线，字母　63. 相交曲线（Intersection Curve）　64. 直纹特征（Ruled）　65. 150　66. 过曲线网格（Through Curve Mesh），主线串，交叉线串　67. 扫掠特征（Swept）　68. 变化的扫掠特征（Variational Sweep）　69. 截面特征（Section）　70. 桥接特征（Bridge）　71. N-边面（N-Sided Surface）　72. 面倒圆（Face Blend）　73. 滚动球（Rolling Ball），扫掠截面（Swept Section）　74. 软倒圆（Soft Blend）　75. 边界平面（Bounded Plane）　76. 放置面，放置外形，底表面，底部外形　77. 放置面，放置外形，顶表面，顶部外形　78. 缝合（Sew）　79. 补片体（Patch Body）　80. 增厚（Thicken）　81. 基本环境（Gateway）电子表格，编辑表达式电子表格，建模电子表格　82. 整个装配（Entire Assembly），在工作部件和组件内（Within Work Part and Components），仅在工作部件内（Within Work Part Only）　83. WAVE 几何链接器　84. 装配排列　85. 投影视图　86. 被剪除的部分　87. 150，150　88. 左边　89. 一　90. 椭圆，抛物线，双曲线　91. 套索（Lasso）　92. 11　93. 点构造器　94. 点构造器　95. 矢量构造器　96. 基本体素　97. 约束，尺寸驱动　98. 样条曲线　99. 斜率，曲率　100. 1　101. 25，24　102. 引用特征（Instance Feature）　103. 部件导航器　104. 约束关系　105. 指针　106. 拉伸体，回转体　107. 4　108. 角色（Role）　109. 导航器，浏览器窗口，资源板　110. 历史记录资源板　111. 8　112. 特征　113. 快速拾取功能　114. 放射菜单（Radial Menus）　115. 6，正二测视图，正等测视图　116. 重新附着　117. 投影曲线　118. 部件间表达式　119. 移除面然后抽壳，所有面抽壳　120. 偏置面（Offset Face）　121. 沿引导线扫掠（Sweep along Guide）　122. 分组特征（Group Features）　123. 已修剪（Trimmed），三角形（Triangular）　124. 编辑视图边界　125. 工作部件，显示部件　126. 装配导航器　127. 规律延伸（Law Extension）　128. 扩大片体（Enlarge）　129. 粗糙偏置（Rough Offset）　130. 用表达式抑制（Suppress by Expression）　131. 8　132. 搜索目录　133. 视图相关编辑　134. 引用表达式，取代表达式　135. 创建固定基准面. 基准轴，或创建矩形引用阵列　136. 备选厚度　137. ESC　138. 拟合　139. Alt

四、判断题

1. √　2. ×　3. √　4. √　5. √　6. ×　7. √　8. ×　9. √　10. √　11. ×　12. √　13. √　14. ×　15. √　16. √　17. √　18. √　19. √　20. √　21. √　22. √　23. √　24. √　25. ×　26. √　27. √　28. √　29. √　30. √　31. √　32. ×　33. √　34. √　35. √　36. ×　37. √　38. ×　39. √　40. √　41. √　42. √　43. ×　44. √　45. ×　46. √　47. ×　48. ×　49. ×　50. √　51. √　52. √　53. √　54. √　55. ×　56. √　57. ×（拖曳草图或使用快速修剪、快速延伸都会引起草图的立即更新）　58. ×　59. ×（表达式的量纲是常量的话，表达式名称区分大小写，NX3 之前建立的表达式名称区分大小写）　60. √　61. ×　62. ×　63. ×　64. ×　65. √　66. √　67. ×　68. √　69. √　70. √　71. ×　72. √　73. ×　74. √　75. ×　76. √　77. √　78. ×　79. ×　80. √　81. ×　82. √　83. ×　84. √

85. √   86. √   87. √   88. √   89. √   90. ×   91. ×   92. √   93. √   94. √   95. ×   96. ×
97. √   98. ×   99. √   100. √   101. ×   102. √   103. √   104. √   105. √   106. √   107. √
108. ×   109. √   110. √   111. ×   112. √   113. √   114. ×   115. ×   116. √   117. ×
118. √   119. ×   120. ×（可以进行拉伸等操作，但是草图不能更新）   121. √   122. √   123. √
124. ×   125. √   126. √   127. ×   128. √   129. √   130. √   131. √   132. ×   133. ×
134. ×   135. √   136. √   137. √   138. ×   139. √   140. √   141. √   142. √   143. √
144. √   145. √   146. √   147. √   148. √   149. ×   150. √   151. √   152. √   153. √
154. √

五、问答题

1. 当时间戳记未激活时，主面板处于设计视图中，并将包括体节点、参考集节点、未使用特征节点等；当时间戳记被激活时，主面板不包括所有在设计视图中可见的节点。

2. 常见的步骤包括：（1）（可选项）设置草图工作层；（2）选择草图平面和草图方位；（3）（可选项）草图重命名；（4）根据需要设置自动约束；（5）创建草图，草图任务环境根据设置自动生成一些约束；（6）（可选项）添加、修改或删除约束；（7）（可选项）拖曳对象或修改尺寸参数；（8）离开草图任务环境。

3. 自顶向下的装配模型设计是在装配工作环境中创建并设计一个新部件；
自下而上的装配是把已存在对象作为组件加到装配中，并建立指向对象的指针。

4. （1）推断曲线（Infer Curves）；（2）单一曲线（Single Curves）；（3）连接曲线（Connected Curves）；（4）相切曲线（Tangent Curves）；（5）面的边缘（Face Edges）；（6）片体边缘（Sheet Edges）；（7）特征曲线（Feature Curves）；（8）区域边界（Region Boundaries）；（9）实体边缘（Body Edges）。

5. 欠约束，完全约束，过约束。

6. （1）缝合；（2）加厚片体。

7. （1）放置面；（2）水平参照。

8. （1）设置倒角标注符号的样式；（2）设置文本与指引线间的相互位置；（3）设置倒角标注引导线的样式；（4）设置倒角标注符号的位置

9. None、ANSI/Simplified、ANSI/Schematic、ANSI/Detailed、ISO/Simplified、ISO/Detailed、ESKD/Simplified

10. 水平、垂直、相切、平行、正交、共线、同心、等长、等半径、点在线上、共点。

11. 原来的 Original、样条段 Spline Segment、单段样条曲线 Single Spline。

12. （1）在部件导航器中找到内部草图的父特征；（2）在父特征上用鼠标右键单击，选择 Make Sketch External。

13. 用户定义的、命名的、用名称过滤、用值过滤、用公式过滤、用类型过滤、未使用的表达式、对象参数表达式、所有的表达式。

14.（1）在表达式列表中双击对应公式的注释栏以激活注释对话框；（2）在公式输入区域的公式后输入双斜线（//）。

15. 矩形阵列图案、圆形阵列图案、镜像。

16. 距离 Distance、拔模 Draft、规律控制 Law Control、三维轴 3D Axial。

17. 过曲线特征可以有多达 150 条截面线串，V 方向阶次可达 24 阶；直纹特征仅允许两条截面线串，在 V 方向或在线串间总是线性的，即 1 阶；如果过曲线特征用两条线串建立，它将类似于直纹特征，但是具有之后能够添加附加线串的优点。

18. 半径，反射，斜率，距离。

19.（1）打开部件家族模板文件中的家族表，执行 Create Parts 命令；（2）当添加组件到装配时，选择一个部件家族模板文件。

20.（1）选择 Assemblies→Components→Replace Component 命令；（2）在装配工具条上单击 Replace Component 按钮；（3）利用 Reopen Part 对话框中的 Open As 复选框；（4）在装配导航器中的一个组件上单击鼠标右键，选择 Replace Component 命令。

21.（1）在特征上：隐藏，隐藏父特征，编辑参数，带回退的编辑，编辑位置，抑制，删除，属性；（2）在通用对象上：隐藏，剪切，复制，删除，编辑显示，属性；（3）在组件上：隐藏，代替组件，装配约束，抑制，代替引用集，使成为工作部件，使成为显示部件，用临近区打开，仅展现，编辑显示，属性。

22. 选择对象的类型下拉列表，选择范围下拉列表，选择意图选项，捕捉点选项。

23.（1）自由平移 WCS；（2）平移 WCS 原点到任一指定点；（3）沿一个轴拖曳 WCS；（4）沿一个轴并利用输入框移动 WCS；（5）旋转 WCS；（6）定向 WCS 一个轴到一个对象；（7）反转 WCS 一个轴的方向。

24.（1）内部草图仅当编辑拥有它的特征时，在图形窗口中才是可见的；（2）外部草图建立在当前层中；（3）内部草图仅可通过拥有它的特征来获取，不能从草图环境直接打开内部草图；（4）内部草图不能被非拥有它的其他特征利用，除非该草图外部化，一旦内部草图成为外部草图，从前拥有该草图的特征将不再能控制它。

25.（1）定义草图平面；（2）作为建立孔等特征的平面放置面；（3）作为定位孔等特征的目标边缘；（4）使用镜像体和镜像特征命令时，用作镜像平面；（5）建立拉伸和旋转特征时，用于定义起始或终止界限；（6）用于修剪体；（7）用于在装配中定义定位约束；（8）帮助定义一个相对基准轴。

26.（1）定义一个旋转特征的旋转轴；（2）定义一个圆形阵列的旋转轴；（3）帮助定义一个相对基准面；（4）提供方向参考；（5）用作特征定位尺寸的目标对象。

27. 孔 Hole，凸台 Boss，凸垫 Pad，型腔 Pocket，键槽 Slot，沟槽 Groove。

28. 从平面拔锥（From Plane），从边缘拔锥（From Edges），相切到面（Tangent to Faces），到分模边缘（To Parting Edges）。

29. 抽壳，倒圆，倒角，偏置片体，基准，修剪的片体，拔锥，修剪体以及自由形状特征。

30.（1）单个面（Single Face）；（2）区域面（Region Faces）；（3）相切面（Tangent Faces）；（4）相切区域面（Tangent Region Faces）；（5）实体面（Body Faces）；（6）相邻面（Adjacent Faces）；（7）特征面（Feature Faces）。

31.（1）选择编辑→特征→重排序（Edit→Feature→Reorder）命令；（2）在部件导航器中的特征节点上单击鼠标右键，选择重排序命令；（3）在部件导航器中拖曳特征节点。

32.（1）选择工具→材料属性（Tools→Material Properties）命令，指定材料；（2）选择编辑→特征→实体密度（Edit→Feature→Solid Density）命令。

33.（1）选择 Save 命令：如果工作部件是一个独立部件，仅保存该部件；如果工作部件是一个装配或子装配，其下所有修改了的组件也将保存，但并不保存高一级修改了的部件和装配；（2）选择 Save All 命令：保存所有修改了的部件，而不管当前工作部件是哪一个；（3）选择 Save Work Part Only 命令，仅保存工作部件本身，即使工作部件是一个装配或子装配，其下所有修改了的组件不会保存。

34.（1）编辑从其他 CAD 系统读入的、没有特征历史或参数的模型；（2）模型在创建时没有考虑设计意图的改变，按照传统方法编辑将做大量返工并会丢失相关性。

35.（1）打开主模型部件文件；（2）启动装配模块；（3）建立新的父部件；（4）启动制图模块；（5）设置图纸的名称、单位、尺寸和投影角等；（6）添加图纸的标题栏、边框、明细栏和标准注释等格式；（7）设置视图参数预设置；（8）添加基础视图；（9）添加更多的其他视图；（10）调整视图的尺寸、方位等；（11）用视图相关编辑功能清理个别视图；（12）添加中心线和符号；（13）添加尺寸；（14）添加注释、标记和 GD&T 等符号。

36.（1）在特征工具条上单击用户自定义特征图标；（2）选择工具→用户自定义特征→插入命令；（3）选择插入→设计特征→用户自定义命令。

37.（1）选择工具→用户自定义特征→向导命令；（2）选择文件→导出→用户自定义特征。

38. 编辑参数：编辑特征的参数；带回退的编辑：将模型回退到该特征建立之前的状态，然后打开特征建立对话框。

39. 复合曲线，点，基准，草图，面，面区域，体，镜像体，布线对象。

40.（1）选择工具→定制；（2）在工具栏区域单击鼠标右键，在弹出的快捷菜单中选择定制；（3）单击各工具栏右侧的选项图标，随后在出现的添加或移除列表中，选择定制。

41.（1）可以创建一组正交轴和面；（2）定义草图的放置面；（3）约束草图或放置特征；（4）创建特征时定义矢量方向；（5）通过平移或旋转参数重新定位模型空间的位置；（6）用于定义下游建模特征的位置与当前实体相关联；（7）在装配体中定义定位部件的配合条件。

42.（1）部件导航器中用鼠标右键单击特征；（2）在图形窗口中用鼠标右键单击一个特征；（3）在编辑菜单中选择相应的选项；（4）在编辑特征工具条中单击相应的选项。

43.（1）临时移除一个复杂模型的特征，以便加速创建、对象选择、编辑和显示时间；（2）为了进行分析工作，可从模型中移除比如小孔和圆角之类的非关键特征；（3）在冲突几何体的位置创建特征。例如，如果需要用已经倒圆的边来放置特征，则不需删除倒圆，可先抑制倒圆，创建并放置新特征，然后取消抑制倒圆。

44．（1）在标准工具条中，单击删除按钮，然后选择想删除的视图，单击 OK 按钮；（2）选择想要删除的视图，在标准工具条中，单击删除按钮；（3）选择编辑→删除，选择想删除的视图，单击 OK 按钮；（4）用鼠标右键单击视图的边框，选择删除；（5）在部件导航器中，用鼠标右键单击视图节点，选择删除。

45．（1）在详细的图形树结构中显示部件，特征、视图、图纸、用户表达式、引用集以及不使用的项都会显示在图形树中；（2）可以方便地更新和了解部件的基本结构；（3）可以选择和编辑图形树中各项的参数；（4）可以重新安排部件的组织方式。

46．端点；实体边缘；实体表面；基准轴；基准面。

47．（1）可以对草图进行旋转；（2）可以对草图进行拉伸；（3）可以创建沿引导线扫掠特征；（4）可以使用多个草图作为片体的截面轮廓；（5）可以用相交草图创建变化的扫掠特征；（6）可以用作控制模型或特征形状的函数曲线。

48．通用对象，特征，组件。

49．孔，键槽，凸台，凸垫，腔，沟槽。

50．显示部件：显示在图形区的部件，即装配。

　　工作部件：对其进行创建、编辑操作的部件，即组件部件。

51．直纹面、过曲线曲面、过曲线网格曲面、扫掠面、可变扫掠面。

52．前视图、后视图、顶视图、仰视图、左视图、右视图、正等测、正二测。

53．（1）刷新：F5；（2）适合窗口：Ctrl+F；（3）缩放：F6；（4）旋转：F7。

[1] 沈春根. UG NX 8.5 有限元分析入门与实例精讲. 北京：机械工业出版社，2015.

[2] 北京兆迪科技有限公司. UG NX 8.5 宝典. 北京：中国水利水电出版社，2013.

[3] 王尚林. UG NX 6.0 三维建模实例教程. 北京：中国电力出版社，2010.

[4] 王卫兵，田秀红. UG NX 6 数控编程实用教程. 北京：清华大学出版社，2010.

[5] 李志国，邵立新，孙江宏. UG NX 6 中文版机械设计与装配案例教程. 北京：清华大学出版社，2009.

[6] 梁玲，张浩. UG NX 6 基础教程. 北京：清华大学出版社，2009.

[7] 周玮. UG NX 5.0 应用与实例教程. 北京：人民邮电出版社，2009.